SCIENCE AT YOUR SIDE

科学在你身边

盛文林文化◎编

日常生活中
无所不在的科学

利用身边自然科学资源，培养学生科学创造能力。
以学生兴趣和内在需要为基础，
充分挖掘身边资源，
提高学生的综合素质能力。

延边大学出版社

图书在版编目（CIP）数据

日常生活中无所不在的科学 / 盛文林文化编著. —
延吉：延边大学出版社，2012.6（2021.4 重印）
（科学在你身边系列）
ISBN 978-7-5634-4925-5

Ⅰ．①日… Ⅱ．①盛… Ⅲ．①科学知识－普及读物
Ⅳ．① Z228

中国版本图书馆 CIP 数据核字（2012）第 125471 号

日常生活中无所不在的科学

编　　著：盛文林文化
责任编辑：李东哲
封面设计：映像视觉
出版发行：延边大学出版社
社　　址：吉林省延吉市公园路 977 号　邮编：133002
电　　话：0433-2732435　传真：0433-2732434
网　　址：http://www.ydcbs.com
印　　刷：三河市祥达印刷包装有限公司
开　　本：16K 155 毫米 ×220 毫米
印　　张：11 印张
字　　数：120 千字
版　　次：2012 年 6 月第 1 版
印　　次：2021 年 4 月第 3 次印刷
书　　号：ISBN 978-7-5634-4925-5
定　　价：36.00 元

前 言

日常生活涉及人们的衣食住行的各个方面，无所不在，无所不及。

生活与科学是密不可分的。吃有吃的讲究，穿有穿的要求，住有住的规划，行有行的设计，不讲究科学的生活是愚昧的，落后的，更是不可思议的。而脱离生活的科学则是无意义的，失去了存在的价值。科学本来就是为人们生活服务的。

生活和科学要紧密结合，相互促进，要利用科学来完善我们的生活，使生活科学化。

生活科学化不是小问题，而是关系到人们生活质量的大问题，其中蕴藏着许许多多的科学道理，了解掌握这些科学道理十分必要，也很有现实意义。而且，在物质生活与精神生活日益丰富的今天，人们的日常生活更加渗入了大量的科学元素，这就更需要人们不断地去了解、学习、掌握这些科学知识、方法、技能，来完善我们的生活。

但是，有许多日常生活中的科学知识不为人们所知，还有的被人们所忽视，甚至是误解，导致生活质量参差不齐。因此，很有必要推广普及生活中的这些科学知识、道理、技能。

为了能够给读者提供最科学、最全面的知识，本书编委会广泛了解日常

生活中人们经常遇到的而又蕴涵一定科学道理的问题，组织人员翻阅了大量资料，并广泛听取了有关专家的建议和意见，在经过精心编辑，汇编成书——《日常生活中无处不在的科学》。

本书分六部分，分别是：吃的学问、穿的学问、住的学问、行的学问、做的学问以及日常行为宜忌。都是人们日常生活中人们最需要了解、掌握的科学知识、技能，可谓面面俱到，细致入微，给人们之所需。

目 录

穿的学问

CONTENTS目录

日常行为宜忌

CONTENTS目录

吃的学问

CHI DE XUE WEN

粗粮不宜多吃

吃粗粮成了现代人的一种时尚。很多年纪大的人喜欢吃粗粮，一方面是在怀念过去的生活，另一方面也认为它营养高、口感好。可是，粗粮虽好，也最好不要多吃。因为其中含有过多的食物纤维，会阻碍人体对其他营养物质的吸收，降低免疫能力。

粗粮是相对我们平时吃的精米白面等细粮而言的，主要包括谷类中的玉米、小米、紫米、高粱、燕麦、荞麦、麦麸以及各种干豆类，如黄豆、青豆、赤豆、绿豆等。

由于加工简单，粗粮中保存了许多细粮中没有的营养。比如，含碳水化合物比细粮要低，含膳食纤维较多，并且富含B族维生素。

同时，很多粗粮还具有药用价值：荞麦含有其他谷物所不具有的"叶绿素"和"芦丁"，可以治疗高血压；玉米可加速肠部蠕动，避免患大肠癌，还能有效地防治高血脂、动脉硬化、胆结石等。因此，患有肥胖症、高血脂、糖尿病、便秘的人应多吃粗粮。

粗粮中还含有丰富的钙、镁、硒等微量元素和多种维生素，可以促进新陈代谢，增强体质，延缓衰老。其中硒还是一种抗癌物质，可以结合体内各种致癌物，通过消化道排出体外。

但正是由于粗粮中含有的纤维素和植酸较多，每天摄入纤维素如超过50克，而且长期食用，会使人的蛋白质补充受阻、脂肪利用率降低，造成骨骼、心脏、血液等脏器功能的损害，降低人体的免疫能力，甚至影响到生殖力。此外，荞麦、燕麦、玉米中的植酸含量较高，会阻碍钙、铁、锌、磷的吸收，影响肠道内矿物质的代谢平衡。所以，吃粗粮时应增加对这些矿物质的摄入。

另外，纤维素含量较多对于青春期少女危害较大。因为，食物中的胆固醇会随着粗粮中的纤维排出肠道。胆固醇的吸收减少，就会导致雌激素合成减少，影响子宫等生殖器官的发育。因此，青春期少女的纤维素摄入，每天不应超过20克。还有老年人由于胃肠功能减弱，吃粗粮多了会腹胀，进而影响到消化吸收功能减弱。时间长了，会导致营养不良。老人每天的纤维素摄入量最好不要超过25～35克。

联合国粮农组织已经颁布了纤维食品指导大纲，给出了健康人常规饮食中每天应该含有30～50克纤维的建

五谷杂粮

议标准。研究发现，饮食中以6分粗粮、4分细粮最为适宜。所以，粗细粮搭配吃最合理。

吃粗粮也应讲究方法。从营养学上来讲，玉米、小米、大豆单独食用不如将它们按1：1：2的比例混合食用营养价值更高，因为这可以使蛋白质起到互补作用。我们在日常生活中常吃的腊八粥、八宝粥、素什锦等，都是很好的粗粮混吃食物。

有些蔬菜不要生食

蔬菜的生食被认为是一种先进的食用方法，正在越来越多地为人们所接受。因为这种食用方法，免去了烹、炒、煨、煮等加热处理，使蔬菜原有的营养物质得以很好地保存。但是，必须指出，有些蔬菜不仅不宜生食，甚至烹炒不透也是有害的。

其中豆类蔬菜就是一个突出的例子。在毛豆、蚕豆、菜豆、扁豆等豆类蔬菜的豆粒中和马铃薯的块茎中，含有一种能使血液的红血球凝集的有毒蛋白质，叫做血球凝集素。当食用烹炒不透的这些蔬菜时，常会引起恶心、呕吐等症状，严重时可致死。

在上述蔬菜中，还含有一种毒蛋白性质的抗胰蛋白酶，其毒性表现为抑制蛋白酶的活性，引起胰腺肿大。这些有毒物质在加热后便失去活性。在蚕豆的籽粒（以及花粉）中含有一种被称为蚕豆毒素的巢苷，能破坏红血球，当食用烹炒不透的蚕豆时，会诱发溶血性贫血，这就是著名的"蚕豆病"。所以上述蔬菜一定要炒熟、煮透后方可食用。

鲜黄花菜中含有一种秋水仙碱，秋水仙碱本身是无毒的，经胃肠道吸收后会氧化形成毒性很强的二秋水仙碱，能刺激肠胃，出现嗓子发干、烧心、干渴、腹痛、腹泻等症状。由于秋水仙碱是水溶性的，在鲜黄花菜蒸煮、干制过程中，这种植物碱已被破坏，加上食用黄花菜干制品时必然要经过清水浸泡，当然无中毒之虞了。

有些蔬菜不宜生食的原因是由于含有有毒的苷类物质。淀粉含量很高的木薯块根中含有生氰苷类，不经浸泡煮熟，食后会发生氰氢酸中毒。至于马铃薯块茎中所含的茄碱（龙葵碱），在见光发绿的皮层中含量极高

发芽的马铃薯不能吃

（可比正常块茎高10倍），即便煮熟后也不会破坏，根本不能食用。

也有一些蔬菜，如菠菜、芥菜等，极易富集硝酸盐。硝酸盐本身对人体毒性很低，但在人体内微生物作用下，会转变为亚硝酸盐，并与胃肠道中的含氮化合物（如仲胺、叔胺、酰胺等）结合成强致癌物质亚硝胺，存在诱发消化系统癌变的危险。这类蔬菜不仅不能生食，而且必须烧透煮熟后才宜食用。显然，汤漂一下就吃的"涮羊肉式"的食法是不可取的。

还有一些蔬菜，如生菜、香菜等，本来是属于适当生食的蔬菜，但由于栽培技术落后，泼浇人畜粪尿，致使附着型生物污染（如病原微生物、寄生虫卵等）相当严重，即使清水浸泡清洗，也很难清除附着的病毒等污染物，也应以避免生食为好。

肉类、蛋类与饮料的鉴别

肉类、蛋类及饮料是我们日常生活中饮食的重要部分，了解鉴别这些食品好坏的知识很有必要，也很有意义。

1. 肉类（猪、牛、羊肉）

新鲜肉有一种固有的香味，表面微有干膜，肉色淡红发光，指压时有弹性，肉汁透明。新鲜肉切口处由于肌红蛋白暴露于空气中而呈紫红色，暂时放置则氧化成鲜明的红色，长时间放置则变成褐色。不新鲜的肉表面干燥或极为湿润。呈灰色或淡绿色，无光泽，无弹性，发粘，有腐臭气味。

2. 蛋类

新鲜蛋表面粗糙，在阳光下或灯光照射时呈半透明，蛋黄轮廓清晰。

鲜鸡蛋

鲜蛋比重为1.08左右，变质蛋比重可降至1.03左右，故当放入比重为1.03的盐水中（60克食盐溶于1000毫升水中）时，新鲜蛋立即下沉；刚开始变质或时间已很长的蛋则钝端向上缓缓下沉；完全变质的蛋则上浮在水面。一般质量差的蛋表面光滑发暗，振摇时响声明显，对光照射发暗或有污点。

3. 饮料类

优质饮料应该没有沉淀，不漏气，开瓶后具有原香味。如有混浊或沉淀，有异味，无论是汽水、汽酒、果子汁、还是补酒、露剂均表示已变质。

鲜鱼、冻鱼筛选法

就鲜鱼来说：新鲜的鱼，表皮有光泽、鱼鳞完整、贴伏，鱼背坚实有弹性。用手指压一下，凹陷处立即平复；肚腹不膨胀，肛门不突出，将鱼放在水中不下沉。鱼鳃鲜红或粉红，没有黏液，无臭味。鱼的眼睛透明、洁净而突出。不新鲜、甚至变质的鱼，鱼鳞色泽发暗，鳞片松动，鱼背发软，肉与骨脱离，用手指压腹部，凹陷部分很难平复。鳃的颜色呈暗红或灰白，有陈腐味和臭味。鱼眼塌

鲜鱼

陷，眼睛灰暗，有时因内脏溢血而发红。如果鱼鳞已脱光，则说明质量更差。

就冻鱼来说：质量好的冻鱼，表面清洁，光泽明显，鱼肉、鱼骨连接牢固不脱离。用温水解冻后，有鲜鱼本身的外形特点，如带鱼为银灰色，黄鱼为黄白色，鲤鱼为金黄色。闻其味，没有什么难闻的异味。假如解冻后的鱼，腹部变黑，鱼体不但无弹性，而且肉、骨脱离，说明冷冻前已是不新鲜的鱼了；要是再有难闻的异味、腥臭、恶臭等，同已是腐败变质的鱼了。

识别水质好坏的方法

1．看水色：清洁的水透明无色。如果水呈棕黄色，则多含腐植质；呈黄褐色，则含过多铁和锰；呈黄绿色，则受藻类物质的污染；呈蓝色，则含硫化氢。检查时，应用白瓷碗盛水，便于观察。

2．嗅水味：用干净的小口瓶装入一半水加盖振荡，然后马上打开瓶盖嗅其气味，洁净的水应无气味。

3．尝水味：清洁的水无味。若水中含有大量有机质带甜味；含氟水带咸味；含硫酸钙多的带有涩味；含硫酸镁多的有苦味；含铁高带金属味；含硫化氢带有臭蛋味。

4．量水温：地面水的水温会随气温而改变，但波动范围并不很剧烈。如水温突然升高，则可能受到污染。

5．看沉淀物：将水盛放在透明的玻璃瓶中，静置后观察，沉淀物越少，水质越好。

选螃蟹六诀

螃蟹肉味鲜美，营养丰富，一般都在秋季上市。这时的螃蟹长得很丰满，膏肥肉壮。挑选螃蟹有六诀：一是掂：将蟹拿在手里掂，以三、四两重为好。二是看：蟹的颜色黑里透青，外表没有杂泥，脚毛长而挺，蟹肚上有铁锈斑颜色的为老蟹。三是触：手指触蟹眼，大蟹钳立即有反应者为好蟹。拉蟹脚，当手一放，蟹即有力地缩回；捏蟹脚时，掐不进蟹壳说明蟹肉饱满。四是翻：把蟹身一翻，让蟹肚朝上放于地上。如蟹能立即翻身，属于好蟹。五是放：将蟹放在地上，能迅速爬动者是健壮的蟹。六是算：俗话说"九雌十雄"。初上市的蟹买雌的较好；天气转冷后，雄蟹膏满肉肥，这时以雄蟹为佳。

吃螃蟹要防止中毒

螃蟹在烧煮、食用时都要讲究卫生，以防患病。烹煮之前，先要把蟹壳洗刷干净。煮时要使蟹熟透，避免外熟内生。一般需蒸煮20分钟才可以吃。吃时要把蟹的鳃、胃、肠清除掉，然后蘸生姜末、醋、酱油等佐料，这样蟹味更好，生姜和醋还有杀菌作用。

未煮以前的死蟹不能食用。因为蟹死后，细菌会在蟹内大量繁殖，分解蟹肉的营养物质，引起腐败变质。这时蟹中的蛋白质在分解过程中，产生胺类、有机酸等有害物质，吃了容易发生食物中毒。

特别要指出的是，螃蟹性寒，故有些病人不宜食用。已经伤风发热、胃病、腹泻的病人、有慢性胃炎、

螃蟹

十二指肠溃疡、胆囊炎、胆石症、胆炎活动期的病人，不要吃蟹，吃了容易使病情加剧。此外，因蟹黄中胆固醇较高，故有高血压、动脉硬化、高血脂、冠心病患者，应尽量少吃或不吃蟹黄。脾胃虚寒的人，也应少吃或不吃螃蟹。

新鲜罐头检查法

各种精制的美味食品和加工调制的水果，为了便于保存、携带，常常装在铁皮或玻璃瓶内加以密封，制成罐头食品。

罐头食品很受人们的欢迎。但是，要学会鉴别罐头食品的好坏。当你拿到一听罐头时，一般是先看罐头的出厂日期（铁皮罐头的保存期一般为两年，玻璃瓶罐头为一年）；再看罐头的形体；如果是玻璃瓶装罐头，还要观看瓶内食物的形态与颜色。

查看罐头的形体，如是铁皮罐头应先看接缝卷边的地方有没有凹陷或凸出。如果有，罐头上就可能有缝隙，再看看罐外有无铁锈，如果有铁锈，就可能有孔眼。罐头有了缝隙和孔眼，空气就会进入罐内，引起食品的变质腐败。同时，再观看罐盖和罐底。正常、完好的罐头内气体少，

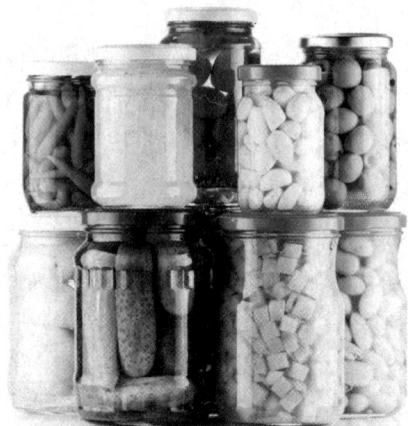

各种罐头

气压低，盖和底一般是向内凹陷或平的，罐身洁净，又有光泽，焊锡完整，封口严密。如果罐头内的食品变质了，细菌便大量繁殖，产生二氧化碳气，使罐内压力增大；当罐内压力大于外界空气压力时，罐盖、罐底就膨胀凸出。另外，还可以把罐头拿起来，用手指使劲按压它的底部，一直按到铁皮上出现压坑为止；稍等一点时间以后，如果压坑处开始复原（哪怕只有一点点复原），说明罐内食品已不新鲜了。

玻璃瓶装罐头质量好坏的判别方法是：如果是铁皮瓶盖，盖中部向内凹，瓶内食品颜色正常、汤汁清澈、

瓶底内没有沉淀物、食品块形完整，说明瓶内食品是好的；如果瓶内食品变色、汤汁混浊、有沉淀物等，则说明食品已经变质。

贮存大米要防止霉菌

家庭贮存大米发生霉变，产生黄曲霉菌，一般与保管不妥有关。

黄曲霉菌所产生的黄曲霉素是一种致癌物质，但黄曲霉菌在大米上繁殖是有一定条件的。当温度在30℃～38℃，相对湿度为80%～85%，粮食含水量在20%～25%时，最适宜黄曲霉菌生长繁殖。因此，只要破坏上述条件，就可以减少或防止霉菌的繁殖。

从粮店买回来的大米，先用手捏一下，看是否有潮气，如果有潮气，要摊开吹风、散湿以后，才能保存。放大米的容器要清洁、干燥，最好存在加盖的木箱中，或者放在布袋中，扎紧袋口。无论是放在木箱或布袋中，底部都要垫高，做到离地隔墙，放在阴凉通风的地方。存放较久的大米，如果发生霉变、结块、生虫，可在天晴时，拿到露天摊开，通风、散味、除湿。最好能用筛子筛一下，清除粉类、杂质和小虫后再收起来。但

贮存大米

是，不能将大米放在烈日下曝晒，否则煮食时，会增加酸度，影响口感。

大米霉变时，霉菌大多分布在米粒表层，故淘米时，可用清水多搓洗几次，这样可以大大减少大米中的黄曲霉素和气味。

蔬菜保鲜要注重温度和湿度

新鲜蔬菜大约含有85%～95%的水分。由于收割后的蔬菜仍然进行着强烈的呼吸作用与生命活动，不断消耗自身的营养物质与水分，故贮放过程中极易蔫瘪与腐烂。大多数蔬菜在贮放过程中只要失去5%的水分，就

蔬菜保鲜

会出现明显的蔫瘪；如果贮存在温、湿度较高而又不通风的地方，则又容易发生腐烂。

因此，为使蔬菜保持新鲜，贮存时必须满足两方面的条件：一是低温，低温可以抑制蔬菜的呼吸与代谢，延迟其后熟与衰老的过程，一般蔬菜的最适贮放温度是0℃，但某些原产于热带、亚热带的蔬菜宜贮存于7℃～10℃的温度下；二是保持适当的湿度，一般以相对湿度为85%～95%为最佳。维持合宜的相对湿度的最简便方法，是将蔬菜放入开孔塑料薄膜袋中，开孔的大小与数目

以塑料袋壁上不出现小水珠为度。下面介绍几种常见蔬菜的保鲜方法。

1. 西红柿。选购绿白色，顶端微红的新鲜西红柿，保存于10℃～12℃的环境中，一般能存放4～6周；待其开始出现糖红色时，可移放于18℃～25℃的环境中，以利其完成后熟过程。这样成熟的西红柿，果肉硬、风味好。若后熟时温度太低，会导致果肉粗糙；温度过高，会造成果肉发软，风味变差。

2. 土豆。必须存放在暗处，或用褐色纸袋包装起来。因为土豆在光照下会逐渐变绿。产生有毒的龙葵碱。贮放温度应不低于10℃，否则土豆内的淀粉会变为糖，出现不正常的甜味。

3. 萝卜和胡萝卜。贮放中要防止抽薹变糠，可将生长点的茎叶部切除，并置于低温下。

4. 叶菜类（大白菜、青菜、芹菜、菠菜等）。贮放中主要是防止失水，可用纸或开孔塑料薄膜包装后贮于低温下，亦可将新鲜芹菜的茎秆末端以及菠菜的根部捆扎后浸在水中，几天内保鲜效果很好。

5. 花菜类（菜花等）。因收割后处于花蕾阶段，故贮放中应防止花蕾开花。可贮藏于低温下，以延迟其开花。

6. 新鲜黄瓜。在室温下由于种子后熟，会出现局部膨大的情况，使果肉发糠，故可放入带孔塑料袋中置于8℃～10℃的阴凉处贮放。

牛奶冷热水保鲜法

牛奶中含有较多的乳糖，很适合乳酸菌繁殖。夏天天气炎热，鲜牛奶如果保管不妥，在乳酸菌的作用下，很容易发酵变酸，甚至腐败变臭。怎样预防牛奶变酸呢？下面介绍两种简单有效的方法：

1. 用水浴法炖奶。将鲜牛奶盛在加盖的铝锅内，连铝锅一起放入滚开的水中，隔水炖煮20分钟，然后将铝锅取出，立即转入冷水中，等冷却后再将铝锅盖揭开，这样可防止牛奶表面结皮。炖煮过的牛奶可放在纱罩内保存10～12小时，不会酸败。

鲜牛奶

2. 将鲜牛奶煮沸后，倒入用开水烫洗过的洁净玻璃瓶内，并将瓶浸在冷水中，水面要与牛奶液面相平。以后每隔3～4小时换一次冷水，可使牛奶保存12小时左右不坏。

经过煮沸以后的牛奶如果保管不善，仍会变酸，并成为絮状或者块状的液体。不过，刚刚变酸尚未腐败的牛奶，是可以饮用的。据科学研究，饮用特制的酸牛奶（接种过乳酸菌的牛奶）还有降低胆固醇的功效。另外，由于酸牛奶里有大量的乳酸菌和其他嗜酸菌，它们能够杀死肠道里的致病细菌，所以酸牛奶还有治疗肠炎与增强肠胃功能的效力。不过，在自然发酵的酸牛奶（非人工接种的）中除了有大量的乳酸菌以外，也可能因保管时受到污染而孳生部分有害杂菌，因此刚刚发酸的牛奶最好也要再煮沸一次后饮用，比较保险。当然，这样一来，酸牛奶中所含的对肠胃有益的乳酸菌也就被杀死了。

不宜与牛奶同吃的食物

下列食物不宜与牛奶同吃。

果子露、橘子汁、酸梅汤等酸性饮料。有些人喝牛奶后，很快又会喝橘子汁等饮料，以为这样可得到较全面的营养成分，实际这种做法是错误的，因为这些酸性饮料在胃中与牛奶中的蛋白质结合会凝结成较大较硬而且消化吸收比较困难的凝块，所以不能同吃，应在喝牛奶一小时以后再吃。

巧克力。牛奶中含有丰富的蛋白质和钙，巧克力中则含有充足的热能和草酸，若两者同时食用，牛奶中的钙和巧克力中的草酸结合而生成草酸钙，草酸钙在人体内不但不能被消化吸收，反而会引起儿童生长缓慢、腹泻等不良症状，甚至使头发干燥、无光泽，出现尿结石等症状。

橘子、杏、酸石榴等含酸较多的水果。这些水果中都含有丰富的果酸，与牛奶同吃后，牛奶中的蛋白质会与果酸很快结合形成较硬的凝块，消化吸收比较困难，所以应在喝牛奶一小时以后再吃。

麦乳精。因麦乳精含有较多的脂

橘子

肪和糖，影响牛奶的消化。

另外，喝牛奶最好不要加糖，这是因为糖在人体内会分解形成酸，而酸容易与牛奶中的钙质中和，影响钙的吸收。

有些人习惯把牛奶与鸡蛋，或把牛奶与豆浆同煮后食用，这种方法是不科学的。因为牛奶不能长时间煮沸，牛奶加热到63℃时乳清蛋白就开始凝固，若加热到80℃，牛奶中的蛋白质就会全部凝固，营养成分受到损失。煮沸的话，不但维生素B1、B2、维生素C会受到破坏，而且蛋白质凝固变性，矿物质中的钙磷也会受到一定程度的破坏。但豆浆食用时要煮沸，并要煮沸后再煮几分钟，这是因为豆浆中含有一种对人体有害的皂毒素，这种毒素只有加热到90℃以上才能被破坏，当豆浆加热到80℃左右时皂毒素受热膨胀，会形成假沸产生

巧克力

泡沫上浮，如果喝这种半生不熟的豆浆，就会发生恶心、呕吐等中毒症状。

鸡蛋和牛奶不易同煮，这是因为鸡蛋在形成过程中，细菌可以从母鸡的输卵管、卵巢中直接进入鸡蛋内，放的时间较长的鸡蛋，细菌也可以从鸡蛋壳的气孔进入鸡蛋内；另外，鸡蛋中的卵白素能使食物中的维生素B失去作用，并能使人体内的酶受到一定程度的破坏，而且鸡蛋清中的抗生物素蛋白和抗胰蛋白酶，能直接影响人体对蛋白质的吸收利用，只有把鸡蛋煮沸7分钟以上才能消灭鸡蛋中的细菌，并破坏卵蛋白素、抗生物素蛋白和抗胰蛋白酶，以利于人体的消化吸收，同时蛋白蛋黄才能很好地凝固，也就是煮熟，这样才便于食用，消化吸收率也高。所以，牛奶与鸡蛋不易同煮。

牛奶、鸡蛋不宜同煮

保存菜肴要隔绝空气

夏秋季节，菜肴保存时间一长，往往因微生物的作用而走味变馊。现介绍一种简易的菜肴保存法：先将烧煮过的菜肴趁热盛入搪瓷杯内，再在杯上覆盖一只大碗（杯、碗均应事先用沸水冲洗，以杀灭沾附着的微生物），然后浸入盛有冷水的脸盆，水面应超过碗口低于杯口。用此法保存菜肴，由于水的密封隔绝了外界空气，使空气中的微生物不能进入菜肴，因此保存时间较长也不会变质。此外还有一个好处，就是菜肴原有的风味也不会消失，主要也是由于与外界空气隔绝，菜肴表面不会受到风燥影响的缘故。

啤酒贮放要保持合适温度

啤酒是由优质大麦芽、大米和蛇麻花酿造而成。1瓶12°的啤酒含有糖类7.7～11.5克、蛋白质2.6～3.2克、氨基态氮128～129毫克、维生素5.7～36毫克，1瓶啤酒所含的热量相当于400毫升牛奶或130～200克牛肉。因此，是一种营养丰富的饮料。但是，啤酒的酒精度很低，因此它不

啤酒

像白酒或黄酒那样，可以长期密封贮存；更不会贮存越久、酒质越醇。相反，啤酒在生产或贮存过程中，由于受到空气中氧的作用或细菌的作用，常常引起浑浊与变味，因此不能久贮，只能在生产后的一定时间内饮用。

啤酒在贮存期间，最关键的是保持合适的温度，切忌温度忽高忽低或大起大落。保存鲜啤酒的合适温度一般是0℃～10℃；保存熟啤酒的合适温度为10℃～25℃。如果是北方，寒冷季节须将啤酒贮存在暖库中防冻。

通常情况下，桶装鲜啤酒在10℃以下可保存7天左右；瓶装鲜啤酒在15℃以下可保存5～10天；熟啤酒在10℃～25℃以内可保存30～50天；高级熟啤酒在10℃～25℃以内可保存100～150天左右。但是，由于品种、

选料、水质与酿造、灌装工艺的不同，以及季度的不同，啤酒的保存期差异较大。因此，只要不产生酸、涩、腐、臭的味道，即使超过了保存期，也同样可以饮用。

辨别变质植物油

菜籽油、棉籽油、豆油、花生油和芝麻油等是我们经常食用的植物油。这些植物油一般都是经过严格化验，符合国家规定标准的。但有时也有因把关不严，油内含水分、杂质较多，或者残留溶剂比较重，再加上有的人用不干净的容器装油，或保管不

植物油

善，而造成油质变坏。具体来说，主要有以下两种情况：

1. 食油中所含的磷脂过多。磷脂是甘油、脂肪酸、磷酸和氮基酸等组成的复杂化合物，粮油加工厂制油时，磷脂常常转移到油里，影响油的质量。如果植物油（尤其是豆油）加热时泡沫较多，加热到一定温度（一般是280℃左右）时产生沉淀，这就是磷脂过多。遇到这种食油，可将其倒入清洁透明的玻璃瓶内，加入1／10的清水，水与油的总体积不要超过瓶子容积的一半，连瓶放入热水中，加热到40～50℃后，用力摇动3～5分钟，再静置10个小时，就可以看到瓶内的油、水明显地分为两层（因为水和磷脂的比重大，所以沉在下层，而食油就浮于上层），然后除去水和磷脂就可以了。

2. 植物油中含水分、杂质较多，存放时间太长，而又保管不善，会使部分油脂分解成脂肪酸，食用时有涩口感。遇到这种情况，可以适当加一些食用碱（每500克食油加碱粉半匙到1匙）。然后一边加热，一边搅拌，直到油脂烧滚为止。冷却后用纱布滤清，即可食用。

3. 如果食油变质较严重，用鼻子可以闻到一股明显的异味，那就不能食用了。

奶粉变质辨别"三法"

奶粉是以新鲜牛、羊奶作为原料，经过杀菌、浓缩、喷雾或者滚筒干燥而制成的。其含水量只有2.5%左右，所以能贮存一定的时间。例如，罐装奶粉的保存期为1年，如果是氮气充填，可以延长到2年；瓶装的是9～12个月；塑料袋装的是6～9个月。但是，只有当奶粉在生产、罐装、运输与存放的过程中都严格符合

奶粉

规定的技术条件，才能保证在存放期内不变质。如果在上述过程中有一个环节不符合要求，那么奶粉即使未超过保存期，也可能发生变质。例如，我们将奶粉买回家后，应贮存于干燥、卫生、阴凉通风之处，温度要低于25℃，如果贮存处温度长期超过30℃，或者贮放处十分潮湿，又不通风，那么奶粉的实际保存期就会大大缩短；反之，假如我们将买来的塑料袋装奶粉，连袋装入一只密封性很好的铁罐内，并置于阴凉干燥处，那么这袋奶粉的实际保存期就不再是原来规定的6～9个月，而可以相对延长。

因此，判别贮放中的奶粉有否变质，是否还可食用，不能光看是不是超过了保存期，而应该根据奶粉的实际状况来确定。其方法是：一闻，闻一闻奶粉有没有变质的异味，正常未变质的奶粉应有一种特有的奶香味；二看，看一看奶粉有没有发霉、变色、结硬块，甚至孳生小虫，正常的奶粉是疏松粉末状的，呈光亮的浅奶黄色或奶白色；三尝，如果气味、状态都没有大的问题，可以取少量奶粉，用舌尖细细辨别，看看有没有异味或村喉的感觉。另外，也可取少量奶粉放入杯中，并加入水，如果奶粉不能溶解于水，奶粉与水有分离现象，则也说明已经变质，不能再食用了。

绿茶贮放要注意避光和低温

有的人以为茶叶只要保持干燥，不受潮气的侵袭，便可长期保存了。但实际上有的绿茶虽然长期保存在干燥的环境中，冲饮时仍然出现茶叶变黄、变褐，香味丧失，甚至不能饮用的情况。这其中蕴含着什么道理呢？

原来，要保证绿茶在贮放中不变质，除了干燥以外，还有避光与低温的要求，贮存茶叶，最适宜的温度是0～5℃。温度过高，会使茶叶中的氨基酸类、糖类、维生素和芳香物质发生化学反应，使茶叶失香变味。据研究，温度每升高10℃，茶叶中的这种化学反应的速度就会加快3～5倍。

新鲜绿茶

另外，茶叶在长期受到光照的条件下（即使不是直接的光照），会使茶叶的颜色变褐，香味变差，甚至完全丧失。用这种茶叶沏茶，汤汁变红，失去茶叶的清香和鲜味。

因此，新茶买回后，应立即装入不透光、不透气的密封容器内，并置于低温干燥处，才能较长时间不变质。

蔬菜菜肴保青烹调法

绿叶蔬菜种类很多，四季均有，是人们生活中不可缺少的食物，绿叶蔬菜质地鲜嫩，含有丰富的营养和水分。但是，人们在烹制时，由于掌握不好，常常使菜变黄。这是什么原因呢？

原来在绿叶蔬菜中有一种抗坏血酸氧化酶，容易和空气中的氧结合，烹制时当温度升至80℃以上，绿叶菜就容易变黄。特别是未经热油煸透就加盖烧煮，靠锅内热气上下反射焖熟的菜，必然变黄。要保持绿叶菜碧绿生青，必须采用旺火、热油急煸速熟的方法，即烧热炒锅，放油烧至油滚冒烟时，将切好的菜放入，旺火煸炒几分钟后，加盐、味精炒透即出锅，其色泽便碧绿。这种烹炒方法，吃火时间短，熟得快，既能保持绿叶菜的色泽，又不会过多损失蔬菜中所含的维生素，而且菜味新鲜可口。制作汤菜时，应先将汤烧开，然后再放绿叶菜下锅，不要加盖，至汤重滚，菜转深绿时即取出，其色泽亦碧绿生青。

白酒代替料酒不适宜

料酒又称绍酒、甜酒、黄酒等，加热后食用香气浓郁、甘甜味美、风味醇厚，别具一格，颇受人们的欢迎。同时，由于它含有氨基酸、糖、有机酸和多种维生素等，营养丰富，是烹调中不可缺少的调味品之一。但是，在日常生活中，常有人在烹调菜肴时用白酒代替黄酒，这种做法是不当的。

这是因为：料酒含有一定量的乙醇，在烹调中使用它，有很多独到的作用。一是可使菜肴滋味融合，起到去腥臭、除异味的作用；二是能在炖肉或炖鱼时与溶解的脂肪产生酯化作用，生成酯类等香味物质，使菜肴溢出馥郁的香气，增鲜提味；三是能在烹饪绿色蔬菜时，使菜翠绿悦目、鲜艳美观。而白酒却不能起到这样的作用，因为白酒不但乙醇（酒精）含量大大高于料酒，而且其糖份、氨基酸

料酒

的含量又大大低于料酒，将白酒用于烹调，绝对起不到料酒所能达到的效果，不但菜的滋味欠佳，还会使菜的本味受到破坏，所以，在烹饪菜肴时不宜用白酒代替料酒。

青菜加醋烹调破坏营养

青菜无论烧或煮，都比较容易熟，时间稍长就会煮烂。有的人在烧青菜时为了保持其清脆的特性，或嗜食酸味，往往会加些醋。认为这样炒青菜既出味，又可增进食欲，还能促进消化并防腐杀菌。其实，这种认识是片面的，这样做也是很不科学的。

这是因为，青菜中的叶绿素在酸性条件下加热极不稳定，其中的镁离子可被醋酸中的氢离子取代，从而生成橄榄脱镁叶绿素，使青菜中原有的营养成分大大降低。所以，在烹调青菜时最好不要加醋。

另外，烧煮青菜时间不宜过长，时间过长不但破坏营养，而且绿叶蔬菜所含有的硝酸盐会还原为亚硝酸盐。这种物质进入人体后，能把低铁血红蛋白氧化成高铁血红蛋白，从而失去其携氧和输氧能力，给身体健康带来危害。轻者会使人感到全身乏力、气短，重者会使皮肤、黏膜出现青紫等症状。因此，烧煮青菜的时间不宜过长，最好用大火快炒的办法，才能保持原有的鲜绿色彩，才能保存较多的营养成分。

青菜

炒菜油烧得过热的害处

炒菜前放入炒锅的食油烧至五六成热即可下菜煸炒。而有的人认为炒菜油越热越好，甚至烧至油冒烟，认为这样炒出的菜好吃味鲜，其实炒菜油过热，会破坏油本身的营养成分，甚至对人体有害。

这是因为，油烧得过热，甚至烧至冒烟，油本身的营养素遭受损害，而且油过热，菜下锅后易把菜烧焦，也破坏了菜的营养价值。另外，炒菜油烧得过热，在油底会出现一种很浓的硬脂化合物，人体摄入后会使胃黏膜受损，引起低酸胃炎和胃溃疡，久而久之甚至可能发生胃癌。

远离反复高温加热的食用油

食用油高温加热后，营养价值就会降低，其原因是高温加热可使油中的维生素A、胡萝卜素、维生素B等被破坏。同时，因氧化还使脂肪酸受到破坏。经高温加热的油，其供热量只有未经高温加热油的1 / 3左右，而且不易被身体吸收，并妨碍同时进食的其他食物的吸收。当然，在一般烹调中，由于加热温度不很高，时间又

炒菜油温不宜过高

短，故对营养价值的影响不大，但反复经高温加热的食用油其营养价值的破坏就较大。

尤其是反复高温加热食用油，不仅降低营养价值，而且这种油对人体有一定的毒性作用。因为高温加热会使油中的脂肪酸聚合，反复高温加热食用油，产生很多脂肪酸聚合物。这种物质能使肌体生长停滞，肝脏肿大，肝功能受损，甚至有致癌的危险。

不宜直接用煤火炉熏烤食物

在日常生活中，常会看到有些人在煤火炉上或在木炭火上熏烤食物，他们认为，这样烤过的食物有一种独特的香味，比较好吃；另外，这样经过火烤，也消了毒，灭了菌，吃了不会闹病。其实，这种认识和做法是错误的。

道理在于：不论是煤炉或木炭火

熏烤食物

焰，它们在燃烧时，都会产生一定的一氧化碳和烟灰，实验证明，凡是含碳的物质在燃烧时都能产生致癌性较强的苯并芘。这种物质可通过皮肤、呼吸道和消化道使动物和人体患癌。实验证明，口服苯并芘除可引起胃癌外，还能引起白血病和肺腺瘤等。另外，在炉火或炭火上熏烤食物时，还会产生大量的二氧化碳、二氧化硫、二氧化氮等有毒有害气体和烟尘，这些物质不但会污染所熏烤的食物，而且会直接刺激人的呼吸道黏膜，引起流泪和咳嗽，重者还会中毒。所以，不宜直接在炉火上烤食物。

鸡蛋生吃能致病

鸡蛋的蛋白质中含有丰富的人体必需氨基酸，其组成比例适合人体需要。鸡蛋也是维生素、无机盐的良好来源，是一种营养价值很高的食品。

鸡蛋好吃，却不能生吃。有些人喜欢吃生鸡蛋。觉得鸡蛋煮熟后营养成分就被破坏了，以为生吃比熟吃补身体。其实，这种吃法非但无益反而有害。一是鸡蛋由鸡的卵巢和泄殖腔产出，而它的卵巢、泄殖腔带菌率很高，所以蛋壳表面甚至蛋黄可能已被细菌污染，生吃很容易引起寄生虫病、肠道病或食物中毒；二是生鸡蛋还有一股腥味，能抑制中枢神经，使人食欲减退，有时还能使人呕吐；三是生鸡蛋清中含有一种叫抗生物素的物质，这种物质妨碍人体对鸡蛋黄中所含的生物素的吸收。鸡蛋煮熟后既可将鸡蛋内外的细菌杀灭，又能破坏抗生物素，所以鸡蛋不宜生吃。

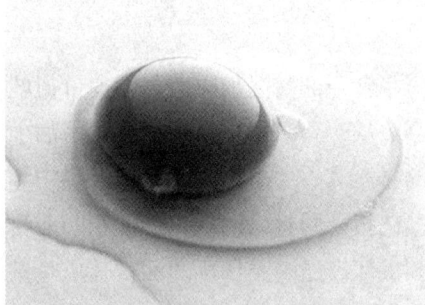

生鸡蛋

喝水有讲究

口渴是由于大量出汗，人体水分失去平衡，体内钠盐、钙盐、钾盐和维生素B、维生素C等营养物质减少造成的。

当人们感到口渴的时候，往往急于要喝水。但是，如果喝水太急太多，反而会造成反射性出汗，加重体内失水，使血钠、血钾浓度更加降低，因而感到喝水多不但不解渴，反而越喝越渴。怎么办呢？当你感到口干舌燥时，喝水要慢慢地喝，最好先喝些0.2～0.3％的淡盐水，以满足生理代谢的需要，然后再逐渐增加饮水量。

为了解渴，喝上一杯香茶要比喝一壶白开水效果好；天热时，吃几块西瓜也能解渴。因为茶水和西瓜不仅给人体补充了水分，还供给了维持人体新陈代谢所必需的盐类和维生素。特别是供给了维生素C，它能促进细胞对氧的吸收，减轻机体对热的反映，并增加唾液的分泌。

还有一点值得注意的是，不要等到口很渴时才喝水，那样犹如临渴掘井，为时已晚。而要养成科学饮水的习惯，经常喝水，细水长

水

流，不断补充体内的水分，使人体内的水分经常保持平衡，这才有益于身体的健康。

五种开水不宜喝

生水一定要煮沸后才能喝，否则，喝了带菌的生水容易生病，这是众所周知的。但是，还需特别指出的是，喝的开水必须新鲜，当天烧的开水当天喝，这样才有益于健康。生水煮沸以后，就杀菌这一点来说，是可以放心的，但是，并不是所有煮开过的水都能喝。以下5种开水就不适

宜饮用：（1）在炉灶上沸腾了整夜或很长时间，反复沸腾过的开水；（2）装在热水瓶里已有几天、不新鲜的温开水；（3）经过多次反复煮沸的残留开水，特别是开水锅炉里的水；（4）开水锅炉中隔夜重煮或未重煮的开水；（5）蒸饭、蒸肉后的"下脚水"。

为什么这几种开水都不适宜饮用呢？简单地说，经反复煮沸过的开水，其所含的钙、镁、氯和重金属等微量成分增高，饮用后对人的肾脏会产生不良的影响。如果长时间喝这种水，会形成肾结石。这是危害之一。放置时间较长的温开水中含有亚硝酸盐，它对人体是很有害的。因为它与人体内的血红蛋白结合，会变成高铁血红蛋白，造成血液输氧困难。婴幼儿对亚硝酸盐最敏感，因而特别不适宜喝上述五种开水。这是危害之二。尤其是亚硝酸盐在人体肠道内，与食物中或体内的仲胺互相作用，会生成一种强致癌物——亚硝酸胺，它对人体健康的危害性就更大了。

白开水有益健康

喝白开水对人体健康有利，而常喝果汁、汽水等饮料却会给人体健康带来不利影响。据研究，煮沸后自然冷却到20℃～25℃的温开水，具有特异的生理活性，能促进新陈代谢，改善免疫功能。坚持喝白开水的人，体内肌肉组织中的乳酸积累较少，不易感觉疲劳。而汽水、果汁等饮料，都含有较多的糖、糖精、电解质和合成色素等，不像白开水那样很快从体内排空，会对胃粘膜产生不良刺激，妨碍消化和食欲，还会加重肾脏的负担。所以，从营养的角度讲，应坚持喝白开水。

健康饮水

水果不宜当饭吃

天热人们很容易感到食欲不振，再加上为了减肥，许多女性干脆每天以水果代替正餐。但一项调查显示，只吃水果不吃正餐，把水果当饭吃容易使人患上贫血。

新鲜水果

在我们的膳食中，水果的确占有重要地位。《中国居民膳食指南》推荐，每人每天最好吃100～200克的水果；美国2005年发布的"膳食指南"中，则建议大家每天摄入水果454克以上，这样才有利于人们的健康和疾病的预防。

吃水果有利于健康，但不等于要健康，只吃水果就可以。身体健康需要全面的营养物质来保障。水果中的确含有非常丰富的营养成分，比如碳水化合物、维生素和矿物质，还有有益于人体健康的生物活性物质，像类

胡萝卜素、生物类黄酮、花青素和前花青素、有机酸等。可是，人体所需要的另外一些营养素，如生命必需的蛋白质，在水果中的含量却很低。一个人如果不吃肉或豆制品，想完全通过水果摄取每天所需要的蛋白质，那至少要吃9000克以上的水果，才能满足身体的需要。

同时，水果中的非血红素铁难以被人体利用，长期用水果当正餐，肯定会引起蛋白质和铁的摄入不足，从而引起贫血、免疫功能降低等现象。

因此，尽管是在炎热的夏日，主

食的摄入还是必需的；蛋白质含量高的鱼、肉、鸡蛋也要适当补充；蔬菜的摄入量应该多于水果。这些食物相互搭配，才能带给我们充足、全面的营养。

吃菠萝要防止过敏

甜滋滋的菠萝，以它特有的清香为人们所喜欢，但也有人因吃法不当而引起了一些疾病，因此，吃菠萝要讲究科学。

菠萝除含有丰富的多种维生素外，还有苷类、酶类、5′-羟色胺等。医用的菠萝蛋白酶就是从菠萝中提取的蛋白水解酶，它可使阻塞人体某些组织的纤维蛋白及血凝块溶解，从而改善血液循环，消除水肿和炎症。但这种抗凝作用，对患有消化道溃疡出血，严重肝、肾病或血液凝固机能不全的人，有不良的影响。因而

菠萝

这种病人就应少吃或不吃菠萝。还有一些人对菠萝蛋白酶有过敏，故吃菠萝后会引起腹痛、恶心等不适。

但是，只要注意吃菠萝的方法，由吃菠萝引起的一些不良反应还是可以预防的。

较简单的方法是把菠萝去皮切块后，放入与烧菜咸度相仿的冷盐水内浸泡30分钟，再用凉开水洗去咸味。这样可使菠萝内的苷类、5′-羟色胺、菠萝蛋白酶在盐水内稀释、破坏。另一种方法，是把菠萝去皮切成小块，放入水里煮一下，当水温在45~50℃时，菠萝蛋白酶开始失去作用，到100℃时，90%以上即被破坏，苷类也随之消除。但菠萝的甜、香味仍能保留，有过敏反应的或有些疾病不宜吃菠萝的人就可比较放心食用了。

"饮料"不宜常喝

不论是果汁、汽水或其他任何一种配制饮料，都含有较多的糖或糖精及大量电解质。这些物质饮入后，不能像白开水那样很快离开胃，而是留在胃内，会对胃产生不良刺激，影响消化和食欲，还会增加肾脏过滤的负担影响其功能。经常喝饮料，过多的

作用。两者相合，更增加了对心脏的刺激，这对于心脏功能欠佳的人更为不利。

醉酒后饮浓茶，对肾脏也是不利的。因为酒精绝大部分在肝脏中转化为乙醛之后再变成乙酸，乙酸又分解成二氧化碳和水，经肾脏排出体外。浓茶茶碱可以迅速地发挥利尿作用，这就会促进尚未分解的乙醛过早地进入肾脏。由于乙醛对肾脏有较大的刺激性，会对肾功能造成损害。因此，不宜用浓茶解酒。

饮料

糖分摄入，还会增加人体的热量，引起肥胖。因此，经常喝饮料，不但无益，反而有害。

浓茶解酒的误区

酒中的酒精成分对心血管的刺激性很大，而浓茶同样具有兴奋心脏的

酒后不宜饮浓茶

烫食吃不得

有的人喜欢吃很热很烫的食物，这种习惯是十分有害的。经调查，食管癌的发病就与吃热食、烫食有关。人的口腔和食管正常的温度为36.5℃～37.2℃，其耐热温度为50℃～60℃。如果进食、进水的温度过高，口腔粘膜和食管壁就会被烫伤。人们感到很热很烫的食物，通常在70℃～80℃，经常食用这种食物，口腔和食管壁的粘膜就会不断受到损伤，并不断增生新的细胞。假如长期刺激加之有时人体病变发炎，使细胞新生过程加快，就很可能变为口腔癌和食管癌。因此，烫食是吃不得的。

鳝鱼与藕合吃最适宜

鳝鱼身上有一种黏液，这种黏液是由黏蛋白和多糖类结合而成的。它不但能促进蛋白质的吸收和合成，还含有大量人体所需的氨基酸、维生素A1、B1、B2和钙等。吃鳝鱼的时候，最好能同食些藕。因为藕的黏液也是由蛋白质组成的并含有维生素B12、维生素C和天门醯胺、酪氨酸等优质氨基酸，还含有大量食物纤维，是碱性食品，而鳝鱼则属酸性食品，两者合吃，保持酸碱平衡，对滋养身体有极高的功效。

鳝鱼

鸡蛋与糖同煮有毒性

鸡蛋具有丰富的营养，所以人们把鸡蛋作为正在生长发育中的儿童和产妇的一等营养保健食品食用，这是无可非议的，只要进食适量，则有益无弊。很多人在煮鸡蛋时还加入红糖，认为红糖的营养也很丰富，并具有和中益脾、补血化淤、生津止渴的作用，两者合用，可以"两好并一好"，好上加好，更有利于人体健康。

他们的做法是，锅内水烧沸后，打入鸡蛋液，再加入红糖，然后用中火煮至沸腾，盛出来食用，可吃蛋喝汤，味甜香诱人。可是这种做法会破坏鸡蛋中的营养成分。因为在长期加热的条件下，鸡蛋中的氨基酸与糖之间会发生化学反应，结果生成一种叫糖基赖氨酸的化合物，破坏了鸡蛋中对人体十分有益的氨基酸成分。所产生的化合物不仅不容易被人体所吸收，而且有毒性。因此，水煮鸡蛋加红糖共煮的做法是不可取的，会使鸡蛋的营养价值大大下降，甚至给人体带来损害。

如果先将鸡蛋液用沸水煮熟，然后盛入碗内，再加入红糖搅拌均匀食用，则无妨，而且有益，可达到"好上加好"的目的。

花生炖吃最科学

花生营养丰富，含有多种维生素、卵磷脂、蛋白质氨基酸、胆碱及油酸、硬脂酸、棕榈酸等。产热量也大大高于肉类，比牛奶高1倍，比鸡蛋高4倍，故普遍受到人们的欢迎。

花生还是一味很好的中药。花生性味甘平，有扶正补虚、悦脾和胃、润肺化痰、调气养血、利水消肿、止血生乳的作用。对营养不良、贫血萎黄、脾胃失调、咳嗽痰喘、肠燥便秘、乳汁缺乏、出血等症均有较好的食疗作用。

花生的吃法很多，可生食，也可油炸，可炒，可煮，从佐餐的佳肴到下酒的小菜，小小花生无处不在，在花生的诸多吃法中，以炖吃为最佳。油煎、炸或用火直接爆炒，对花生中富含的维生素E及其他营养成分破坏很大。另外，花生本身含有大量植物油，遇高热煎制，会使花生甘平之性变为燥热之性，多食、久食或体虚火旺者食之，极易生热上火。因此，从养生保健及口味上综合评价，还是用水炖花生为最好，它具有不温不火、

优质花生

口感潮润、入口即烂、易于消化的特点，老少皆宜，倘若再适当加些中药一并煮食，食药并进，相得益彰。

烹调酱油要熟吃

大部分人做菜时都离不开酱油。它不仅能给菜肴加色，还能添味。

酱油有烹调用和佐餐用之分，但很多人在购买时都不太注意选择，家里往往只备有一种，不管炒菜还是凉拌菜都用它，这种不科学的做法很容易对健康造成危害。

烹调酱油一般分为风味型和保健型两种。前者如麦香酱油、老抽酱油、生抽酱油等；后者则有无盐酱油（不含钠，但有一定咸味，适合肾病患者食用）、铁强化酱油、加碘酱油等。这几种酱油在生产、贮存、运输和销售等过程中，因卫生条件不良而

造成污染在所难免，甚至会混入肠道传染病致病菌。而它们在被检测时，对微生物指标的要求又比较低，所以，一瓶合格的酱油中带有少量细菌很正常。

有实验表明，痢疾杆菌可在酱油中生存2天，副伤寒杆菌、沙门氏菌、致病性大肠杆菌能生存23天，伤寒杆菌可生存29天。还有研究发现，酱油中有一种嗜盐菌，一般能存活47天。人一旦吃了含有嗜盐菌的酱油，可能出现恶心、呕吐、腹痛、腹泻等症状，严重者还会脱水、休克，甚至危及生命。虽然这种情况比较少见，但为了安全着想，酱油最好还是熟吃，加热后一般都能将这些细菌杀死。

如果想做凉拌菜，最好选择佐餐酱油。这种酱油微生物指标比烹调酱油要求严格。国家标准规定，用于佐餐凉拌的酱油每毫升检出的菌落总数

烹调酱油

不能大于3万个，即使生吃，也不会危害健康。

尽管酱油的营养价值很高，含有多达17种氨基酸，还有各种B族维生素和一定量的钙、磷、铁等，但它的含盐量较高，平时最好不要多吃。酱油的含盐量高达18%～20%，即5毫升酱油里大约有1克盐，除了调味以外，主要是为了防止酱油腐败变质而添加的。患有高血压、肾病、妊娠水肿、肝硬化腹水、心功能衰竭等疾病的人，平时更应该小心食用，否则会导致病情恶化。

白糖宜加热后食用

螨虫是一种全身长毛刺而肉眼看不见的小昆虫，嗜好食糖。白糖在储存、运输、销售的过程中，如不注意卫生管理，容易受到螨虫的污染。

如果生吃了被螨虫感染的白糖，螨虫就可进入人体内而致病。现代医学研究结果表明，螨虫侵入人体肠道，可损害肠黏膜而形成溃疡，引起腹泻、腹痛、肛门烧灼；螨虫侵入肺部，可引起肺部毛细血管破裂而咯血，并诱发过敏性哮喘；螨虫侵犯泌尿道，则可引起泌尿道感染，发生尿频、尿急、尿痛或尿血等症状。

白糖

购买白糖不宜过量，不可长期存放，调制饮料或做凉拌菜要用白糖时，应将白糖先经加热处理，螨虫在加热到70℃时就会死亡。因此，人们食用白糖时宜经加热处理，尤其是对婴幼儿更应注意，谨防发生螨虫病。

大蒜要生吃不要熟制

大蒜既有丰富的营养，又能防治疾病。大蒜的蒜头含有丰富的磷质和糖分，青蒜的嫩叶，含有较多的胡萝卜素和维生素C，用它来调味，可以增进人的食欲，降低人体内的胆固醇，还可以解除鱼肉的腥味。大蒜的各部分还含有名贵的硫化丙烯油（又称蒜素），有较强的抗菌作用。常吃大蒜，冬、春季能预防流感、流脑，

夏、秋季可预防痢疾、肠炎。常吃大蒜，还可预防传染性肝炎和肺结核。将大蒜头捣成汁内服，可治疗百日咳；灌肠，可治疗细菌性和原虫性痢疾；将蒜捣成乳化剂，可以治疗头部白癣和黄癣等。

大蒜所以能防治疾病，因为它能产生一种抗菌物质——蒜辣素。

大蒜中含有两种相互分离的化学成分：蒜氨酸和蒜酶。当我们把大蒜捣烂后，蒜酶就分解蒜氨酸而产生蒜辣素。这里要特别注意的是，大蒜要生吃而不宜加热，因为加热后蒜酶失去活性，不能把蒜氨酸分解成有用的蒜辣素；同时，蒜辣素遇热更容易分解。因此，大蒜要生吃才能起到更大的作用。

大蒜有较强的刺激性，生吃时最好拌在菜中，可以减轻刺激。生吃大蒜后，口中有股大蒜"臭"味，但只要嚼点茶叶，口臭即可减轻。

大蒜

胡萝卜不宜和白萝卜同吃

许多人喜欢把胡萝卜和白萝卜切成块或丝做成红白相间的小菜，其实，这种吃法不科学。因为白萝卜的维生素C含量极高，对人体健康非常有益，但是和胡萝卜混合就会使维生素C丧失殆尽。其原因是胡萝卜中含有一种叫抗坏血酸的解酵素，会破坏白萝卜中的维生素C。

另外，胡萝卜被称为"维生素A的宝库"，但维生素A是脂溶性物质，只有和食用油或肉类一起烹调，才能使维生素A充分为人体吸收。所以，胡萝卜不适合生吃。

胡萝卜

胡萝卜下酒产生毒素

我们知道，胡萝卜中含有丰富的胡萝卜素，在肠道中经酶的作用后可变成人体所需的维生素A，人体缺乏维生素A，易患干眼病、夜盲症，易引起皮肤干燥，以及眼部、呼吸道、泌尿道、肠道黏膜的抗感染能力降低。儿童缺乏维生素A，牙齿和骨骼发育还会受到影响。现代药理研究证明，胡萝卜中含有一种能够降低血糖的成分。即将胡萝卜经石油醚提取后可得到一种不定型的黄色物质，对动物和人都有明显地降低血糖作用。此外，人若每天服三次胡萝卜汁，可降低血压，并有抗肺癌作用。研究表明，吸烟者常吃些胡萝卜，癌症发病率比不吃胡萝卜者会明显下降。

虽然胡萝卜具有很高的保健作用和医疗价值，但专家却告诫人们："胡萝卜下酒"的吃法是不利健康的。因为胡萝卜中丰富的胡萝卜素和酒精一同进入人体，就会在肝脏中产生毒素，引起肝病。所以，人们要改变"胡萝卜下酒"的传统吃法，胡萝卜不宜做下酒菜，饮酒时也不要服用胡萝卜素营养剂，特别是在饮用胡萝卜汁后不要马上饮酒，以免危害健康。

吃药后不要饮酒

酒中含有乙醇（酒精），服药期间饮酒，尤其是大量饮酒，会因乙醇对药转化酶的抑制作用，使药物在体内的时间延长，其结果不仅使药物的治疗作用增强，毒副作用也会增强，个别还会出现严重后果。如酒类与安定、利眠宁、眠尔通、苯海拉明、扑尔敏、晕车宁等同服，可以大大增加它们的中枢性抑制作用和毒性作用。在临床上，因服用安眠药时大量饮酒引起死亡的报告并不少见。酒类与解热镇痛药如阿斯匹林、APC、安乃近、消炎痛等合用后，易引起消化道出血倾向；与降压药、硝酸甘油类药同服可因降压作用过强而引起体位性低血压；与水杨酸类药合用可增加对胃粘膜的侵蚀性，易引起胃溃疡及胃芽孔；与利福半、利福定等合用可加重对腑脏的损害作用。

此外，在服用灭滴灵、痢特灵、灰黄霉素期间，饮酒或饮用含酒精的饮料，可使机体对乙醇的耐受性降低，容易发生"酒精中毒"等一系列症状。

喝豆浆要讲究

豆浆是一种老幼皆宜、价廉质优的液态营养品，它所含的铁元素是牛奶的6倍，所含的蛋白质虽不如牛奶高，但在人体内的吸收率可达到85%，因此有人称豆浆为"植物牛奶"。但豆浆的食入是有一定讲究的，要知晓这些讲究，才能喝得适宜，喝得健康。

1. 未煮熟的豆浆有毒

很多人喜欢买生豆浆回家自己加热，加热时看到泡沫上涌就误以为已经煮沸，其实这是豆浆的有机物质受热膨胀形成气泡造成的上冒现象，并非沸腾，也就是说，这时豆浆是没有熟的。

没有熟的豆浆对人体是有害的。因为豆浆中含有两种有毒物质，会导致蛋白质代谢障碍，并对胃肠道产生刺激，引起中毒症状。预防豆浆中毒的办法就是将豆浆在100℃的高温下煮沸，就可安心饮用了。如果饮用豆浆后出现头痛、呼吸受阻等症状，应立即就医，绝不能延误时机，以防危及生命。

2. 豆浆里打鸡蛋没营养

很多人喜欢在豆浆中打鸡蛋，认

豆浆好营养

为这样更有营养，但这种方法是不科学的。这是因为，鸡蛋中的黏液性蛋白易和豆浆中的胰蛋白酶结合，产生一种不能被人体吸收的物质，大大降低了人体对营养的吸收。

3. 豆浆冲红糖破坏营养

豆浆中加红糖喝起来味甜香，但红糖里的有机酸和豆浆中的蛋白质结合后，可产生变性沉淀物，大大破坏了营养成分。

4. 忌装保温瓶

豆浆中有能除掉保温瓶内水垢的物质，在温度适宜的条件下，以豆浆作为养料，瓶内细菌会大量繁殖，经过3～4个小时就能使豆浆酸败变质。

5. 超量饮豆浆可致腹泻

一次喝豆浆过多容易引起蛋白质消化不良，出现腹胀、腹泻等不适症状。

6. 忌空腹饮豆浆

空腹饮豆浆，豆浆里的蛋白质大都会在人体内转化为热量而被消耗掉，不能充分起到补益作用。饮豆浆的同时要吃些面包、糕点、馒头等淀粉类食品，可使豆浆中蛋白质等在淀粉的作用下，与胃液较充分地发生酶解，使营养物质被充分吸收。

7. 忌与药物同饮

有些药物会破坏豆浆里的营养成分，如四环素、红霉素等抗生素药物。因此，要注意二者不要同食。

另外，急性胃炎和慢性浅表性胃炎患者不宜食用豆制品，以免刺激胃酸分泌过多加重病情，或者引起胃肠胀气。

豆类中含有一定量低聚糖，可以引起嗝气、肠鸣、腹胀等症状，所以有胃溃疡的朋友最好少吃。胃炎、肾功能衰竭的病人需要低蛋白饮食，而豆类及其制品富含蛋白质，其代谢产物会增加肾脏负担，也应禁食。

豆类中的草酸盐可与肾中的钙结合，易形成结石，会加重肾结石的症状，所以肾结石患者也不宜食用。

痛风是由嘌呤代谢障碍所导致的疾病。黄豆中富含嘌呤，且嘌呤是亲水物质，因此，黄豆磨成浆后，嘌呤含量比其他豆制品多出几倍。所以，豆浆对痛风病人不宜。

煮粥不要放碱

有些人在煮粥时，有放碱的习惯，以求发黏好吃。但是这样做的结果，使米里的养分大量损失掉了。

因为米类养分中的维生素B1、B2和维生素C等都是喜酸怕碱的。维生素B1在大米和面粉中含量较多。有人曾做过试验，在400克米里加0.06克碱熬成的粥，有56%的维生素B1被破坏。如果经常吃这种加碱煮成的粥，就会因缺乏维生素B1而发生脚气病、消化不良、心跳过快、无力或浮肿等。

维生素B2在豆子里含量最丰富。一个人每天只要吃150～200克大豆，

粥

就足够满足身体对维生素B2的需要了。豆子不易煮烂，放碱后虽然烂得快，但这样会使维生素B2几乎全部被破坏。而人体内缺乏它，就会引起阴囊瘙痒发炎（即绣球风）、烂嘴角和舌头发麻等。因此，在煮粥时一定要记住不要放碱。

南瓜久存有毒

南瓜

有些农村地区有久存南瓜的习惯。他们在秋天收获南瓜之后，就把它们堆放在空房里，留待慢慢食用，往往能存放几个月之久。其实，南瓜是不宜久存的，吃久存的南瓜子很容易中毒。

这是因为南瓜瓤的含糖量很高，保存时间久了，瓜瓤内会产生一种不易发现的化学变化，人吃了这种南瓜后，往往会出现头晕、疲倦、呕吐、

腹泻等中毒症状。因此，南瓜尽量不要久存。若食用久存的南瓜，一定要先认真进行检查，若发现表皮有裂纹、烂迹，切开后有酒糟味等，说明已经变质，不可再食用。

长期吃粥弊多利少

老年人患牙病多，牙齿缺损者十分常见，有的老人因咀嚼功能不好而长年吃粥，也有少数讲究药膳的人用常年吃药膳作为对疾病的辅助治疗。据观察，长期吃粥的老年人一般比较消瘦，原因是老年人的胃动力较差，如果吃粥的量过多，胃不易很快排空，就会感到胃部不适；以同样体积的粥和米饭相比，粥所含米粒少很多，如果长期吃粥，得到的总热量和营养物质不够维持人体的生理需要，难免"入不敷出"。

按传统的说法：吃粥容易消化。这句话是值得商榷的。国外专家对粥、饭、馍的消化吸收情况做了研究，结果是糖的吸收率：粥96.5%、饭99.5%、馍99.9%；蛋白质吸收率：粥56.1%、饭99.5%、馍99.9%。为何会出现这个意想不到的结果呢？主要是因为吃粥不必细嚼，而吃饭必须咀嚼。咀嚼不仅要用牙齿把饭粒细细嚼碎，同时还会促使唾液分泌，而唾液中所含的酶对淀粉有帮助消化作用。

所以，吃粥和吃药粥虽是养生之法，但不是人人皆宜，除非身体很虚弱，或是治病需要。否则，不宜长期吃粥。

食物保鲜膜的正确使用

超市中的熟食大多包裹一层保鲜膜，很多消费者认为这就是层"保护膜"，买回家直接放到冰箱里就行了。事实上，应该把保鲜膜撕掉后再储存。

目前，生产食品保鲜膜的原料主要有三种，分别是聚乙烯（简称PE）、聚氯乙烯（PVC）和聚二氯乙烯（PVDC）。市面上所售的大多数保鲜膜使用的原料是聚乙烯，由于其在生产过程中不添加任何增塑剂，被公认为是最安全的。

然而，超市中用来包裹食品的保鲜膜也有可能使用聚氯乙烯材质。实验证明，这种保鲜膜为增加其附着力，含有名为乙基己基氨的增塑剂。该增塑剂对人体内分泌系统有很大破坏作用，会扰乱人体的激素代谢。这种化学物质极易渗入食物，尤其是高

保鲜膜

脂肪食物，而超市里的熟食恰恰大都是高脂肪食物。经过长时间的包裹，食物中的油脂很容易将保鲜膜中的有害物质溶解，食用后会影响人体健康。

所以，回家后就把保鲜膜撕掉，将食物用食品保鲜袋包装起来，再放进冰箱；也可以将食物装在有盖的陶瓷容器中；如果是没有盖的容器，覆盖保鲜膜时，尽量别把食物装太满，以防接触到保鲜膜。

在菜还热着时，也不要盖保鲜膜，因为那样会增加菜中维生素的损失。最好等菜完全冷却后，再盖保鲜膜。

此外，使用微波炉保鲜膜时也须注意：

（1）加热油性较大的食物时，应将保鲜膜与食品保持隔离状态，不要使二者直接接触。因为食物被加热时，食物油可能会达到很高的温度，使保鲜膜发生破损，粘在食物上。

（2）加热食物时应当用保鲜膜覆盖好器皿后，再用牙签等针状物在保鲜膜上扎几个小孔，以利于水分的蒸发，防止因气体膨胀而使保鲜膜爆破。

（3）各品牌保鲜膜所标注的最高耐热温度各不相同，有的相差10℃左右，微波炉内的温度较高时一般会达到110℃左右，需要长时间加热时，可注意选择耐热性较高的保鲜膜。

米不是越"干净"越好

淘米虽然简单，可里面也有一定的科学性。米不是越干净越好，比如说，大米就不宜多淘，淘的次数多了，固然是干净了，但因此营养物质也"干净"了。米中含有一些易溶于水的维生素和无机盐，而且很大一部分在米粒的外层，多淘或用力搓洗、过度搅拌会使米粒表层的营养素大量随水流失掉。同时，米也不宜久泡。如果淘洗之前久泡，米粒中的无机盐

大米

和可溶性维生素会有一部分溶于水中，再经淘洗，损失更大。

在淘米过程中，硫胺素损失率可达40%～60%，核黄素和尼克酸损失率可达23%～25%，蛋白质、脂肪、糖等也会有不同程度的损失。除此之外，米久泡之后还会粉碎。因此，淘米时应注意如下几点：

（1）用凉水淘洗，不要用流水或热水淘洗。

（2）用水量、淘洗次数要尽量减少，以去除泥沙为度。

（3）不要用力搓洗和过度搅拌。

（4）淘米前后均不应浸泡，淘米后如果已经浸泡，应将浸泡的水和米一同下锅煮饭。

用铝锅炒菜会致病

铝锅具有结实、轻便、耐用、不锈、便于刷洗等优点，人们不但喜欢用它煮饭、蒸馒头等，也喜欢用它来炒菜。而用铝锅炒菜是不科学的。

铝受热后，分子极为活跃，尤其是遇到酸、碱性食物时，更易发生化学反应而形成铝化合物。这些微量的铝元素溶入食物进入人体后，便在肝、脾、肾、甲状腺和脑组织中蓄积。一个人摄入的铝元素超过正常值的5倍以上时，即可致病。它能抑制消化道对磷的吸收，扰乱磷代谢；破坏胃蛋白酶的活性，导致消化功能紊乱；使成年人早衰，生育痴呆子女；使儿童反应迟钝及早衰；使老年人患痴呆症。科学家曾对一名9岁和一名5岁的因患早衰症（出现皱纹、白发、老态龙钟）而死的女孩进行解剖，发现其大脑中铝元素含量高于正常人的6倍以上。

虽然，并非每个长时间使用铝锅炒菜者都会出现如此的后果，但食铝元素过多对人体有害确是无疑的。何况，炒菜时不仅酸、碱难以避免，而且锅铲还要不断地翻炒磕碰铝锅，难免会将碰掉的铝元素溶进菜肴里。所以，炒菜不宜用铝锅，应采用铁锅。

长豆芽低营养

绿豆芽是一种味美可口，而且富含维生素等营养物质的蔬菜，家庭和食堂都可以制作。但是，有的家庭在发制绿豆芽时让其长得太长，这种做法却是不可取的。

绿豆芽本是绿豆经萌发出芽的一种蔬菜，它不仅保持了绿豆原有的营养成分，而且兼有甘平无毒，解酒毒、热毒等功效。在萌发过程中，绿豆中的蛋白质会转化成天门冬素、维生素C等成分。据测定，每100克绿豆芽中维生素C含量可达30毫克。但绿豆芽若长得太长，其中所含的蛋白质、淀粉及脂类物质就会消耗得太多。据实验，当豆芽达到10～15厘米时，绿豆中的营养物质将损失20%左右。因此，发豆芽一般不要超过6厘米长，而且应以粗壮为宜。

绿豆芽

空腹吃柿子易得"柿石"

柿子中含有大量的柿胶酚和一种叫红鞣质的可溶性收敛剂。未成熟的柿子以及成熟柿子的果皮中这两种成分含量最高。

柿胶酚和红鞣质遇酸就会凝结成块。如果空腹吃进大量柿子或与酸性食物同吃，柿胶酚与红鞣质便与胃酸或酸性食物凝结成硬块，形成"柿石"。胃里若有"柿石"，就会引起胃痛、恶心、呕吐。如果仍不注意，继续空腹吃柿子，硬块就会越结越大，胃内压力升高，引起胃扩张，造成疾患。因此，柿子宜在饭后吃。由于胃酸已与食物结合，就不容易出现"柿石"。

可用洗衣粉洗涤瓜果蔬菜

瓜果、蔬菜表面附着农药，一般用清水难以洗涤干净。另外，由于水果表面糖分多，很黏稠，特别容易沾污，用清水也较难洗净。要如何清理才能有效去除附着农药和污渍而又能最大保留蔬菜瓜果的营养成分呢？

这里有一种简单的办法：可用适

量洗衣粉来洗刷瓜果、蔬菜等，洗后用清水冲净或在清水中浸泡一会儿，即可使瓜果、蔬菜表面残存的有害物溶于水中。

洗衣粉是人们熟悉的用来洗涤衣物的洗涤用品，用它来洗涤蔬菜瓜果和食具，许多人都有怀疑。其实顾虑是多余的，因为洗衣粉中的主要成分烷基苯磺酸钠是极易溶于水的，用它洗涤食具和瓜果蔬菜，洗后再用清水冲一下或浸一会儿，残存在物品上的极微量的洗衣粉便会冲净。有人专门做过实验，用洗衣粉洗涤蔬菜后，它上面洗衣粉的残留量是2～25ppm（ppm是百万分之一的浓度）。以平均每天食用蔬菜220克计算，每人每天可能从蔬菜中带入体内5.5毫克；用洗衣粉洗涤水果后洗衣粉的可能残留量为0.2～2ppm，以平均每人每天食用200克水果计算，每人每天可能由此带入体内0.3毫克；以每人每天使用餐具10件、食具50件计算，可能由此带入体内0.01～0.03毫克；人在0.3%浓度的洗衣粉水中洗涤48小时可能由皮肤吸收洗衣粉量为0.046毫克。再加其他一些途径，进入人体的洗衣粉加起来一共才7.076毫克，而每人每天食入的洗衣粉量在15000毫克以下都是安全的。7.076毫克只相当于15000毫克的两千分之一，因

此，用洗衣粉洗刷瓜果蔬菜，去除其表面附着的农药残渍是可取的。

野生毒蘑菇的特征

要防止误食毒蘑菇，首先必须学会怎样识别。毒蘑菇一般有以下几个特征：

1. 毒蘑菇的伞柄上部有覃轮，根部有瘤状的囊苞，伞柄很难用手撕开；碰破以后，会流出白色或黄色的乳汁状液体，并带有辛辣味。

2. 毒蘑菇的颜色往往比较浓艳，覃伞上带有红、紫、黄或其他杂色斑点，基底呈红色，形状奇特怪异，并常有辛辣、恶臭和苦味。

比较常见的毒蘑菇有蝇覃（又名捕蝇覃）与瓢覃（又名白帽覃）等。蝇覃的颜色十分鲜艳，伞盖圆而扁平，呈黄色或橘黄色，覃伞上有黄色或白色的瘤状突起，伞柄上部有覃轮，形如袖口，伞柄下部粗大。瓢覃的覃伞呈扁平形，颜色为纯白色、苍白带绿色或橄榄色，直径达10厘米左右。覃柄呈白色，带波纹，其上部有覃轮，下部有粗大呈瘤状的囊状苞。

必须注意的是，并不是所有的毒蘑菇都有上述特征，有些毒蘑菇在外貌上与可食蘑菇极为相似。因此，为

野生毒蘑菇

了防止误食毒蘑菇，一般不要在野外、草地、阴湿山坡上或古老的树根下随便采摘野蘑菇。如果食用蘑菇后出现中毒症状，应及时送医院急救。

饮食不当影响视力

很多人都知道长期用眼过度和不注意用眼卫生会造成近视眼，但是，很少人知道饮食和近视眼的关系，饮食对人的视力是有影响的，要预防近视眼，除了应注意避免用眼过度和用眼卫生外，饮食也是非常重要的。

一些食物中含有许多对人体的正常发育不可缺少的微量元素，一旦人体缺少这些元素，就会引起某一方面的功能障碍，例如，微量元素铬和钙。当人体缺铬时，胰岛素的作用就会明显降低，从而使身体不能有效地利用糖。严重缺铬时，会出现中等程度的空腹高血糖、糖尿等现象，这些病变对视力都有一定的影响。特别是血糖高时，容易引起液渗透压的改变，从而导致晶体状和眼房水渗透压的变化，房水可经过晶状体内，促使晶状体变凸，屈光度增加，造成近视。当人体缺钙时，同样可直接影响眼内液压的调节造成近视。

食用过量的糖和烧煮过久的蛋白质类食物对人的视力也有影响。研究证实，甜食可以助长近视眼的发展。这是因为糖分在体内代谢时需要大量维生素B，如果糖分摄取过多，维生素B就显得不足，发生近视的机会就会增多。而且过多地摄取糖分也会降低体内的铬和钙，造成近视。

临床调查资料证实，近视眼者体内普遍缺少铬和钙这两种微量元素以及维生素B，由此可见，饮食对人的视力的影响是很大的。青少年正处在生长发育的关键时期，更要注意安排好饮食。应多吃含铬和钙丰富的食物，如鱼、虾、牛奶、芝麻酱、瘦肉、蔬菜、水果等。

孕妇食甲鱼螃蟹可导致流产

孕妇要慎重食入甲鱼、螃蟹等水产品，因为，这些水产品有活血软坚的作用，食用后对早期妊娠会造成出血、流产。螃蟹虽然味道鲜美，但其性寒凉，有活血祛淤之功，故对孕妇不利，尤其是蟹爪，有明显的堕胎作用。甲鱼，又称为鳖，具有滋阴益肾之功，对一般人来说，它是一道营养丰富的菜肴。但是甲鱼性味咸寒，有着较强的通血络、散淤块作用，因而有一定堕胎之弊，尤其是鳖甲的堕胎之力比鳖肉更强。

孕妇要注意多摄入钙和铁

无机盐是人体重要的组成部分，是维持正常生理机能不可缺少的物质。无机盐主要靠食物和饮水供给。妊娠期如果膳食调配不当，或肌体代谢不平衡，会引起无机盐缺乏的疾病。在这类营养物质中，特别注意的是钙、铁。

钙是人体含量最多的一种元素，也最易缺乏。一般来说，成人每日应该摄入600毫克钙，而孕妇则需要1200～1500毫克。胎儿在生长发育过程中，骨骼的形成和生长，需要的钙质是非常多的。如果孕妇饮食中钙的供应不足，将出现胎儿骨骼、智力发育不良；孕妇会因钙质摄入不足而发生牙齿松动脱落、骨质疏松等现象。

因此，给孕妇饮食中提供适量的钙，是孕妇饮食中除补充足量蛋白质以外的又一个重要问题。

一般膳食中的钙，只有40%～60%被吸收，所以孕妇要尽量食用含钙丰富的食物，如牛奶、脆骨、鱼、豆类及豆制品等。

铁在人体内含量很少，其中2/3在血红蛋白内，铁主要参加肌体内部氧的输送和组织呼吸。膳食中长期缺铁或铁的吸收受到限制，可引起缺铁性贫血。孕妇的缺铁性贫血发病率较高，而且在分娩过程中有一定量的失血，因而要给孕妇含铁量多的食物，妊娠后半期每天需15毫克左右。

孕妇喝浓茶害处多

孕妇如果喝茶太多、太浓，特别是饮用浓红茶，对胎儿会造成危害。

茶叶中含有2%～5%的咖啡因，每500毫升浓红茶水大约含咖啡因0.06毫克，如果每日喝5杯浓茶，就相当于服用0.3～0.35毫克的咖啡因。咖啡因具有兴奋作用，服用过多会刺激胎动增加，甚至危害胎儿的生长发育。调查证实，孕妇若每天饮5杯浓红茶，就可能使新生儿体重减轻。

此外，茶叶中还含有多量的鞣

孕妇更要注意饮食的合理

酸，鞣酸可与孕妇食物中的铁元素结合成一种不能被机体吸收的复合物。孕妇如果过多地饮用浓茶，还有引起贫血的可能，也将给胎儿造成先天性缺铁性贫血的隐患。科学家们进行过多次对照试验。用三氯化铁溶液作为铁质来源给人服用，发现饮白开水者铁的吸收率为21.7%，而饮浓茶水者，铁的吸收率仅为6.2%。因此，孕期的妇女最好不要饮茶或饮少量淡茶为宜。

孕妇多吃油条可致痴呆儿

在美国长岛地区，长期流行着一种震颤麻痹性神经系统疾病，后经过科学家试验，发现当地土壤中含铝的成分高得惊人。又有人用含铝高的饲料喂养动物或直接把铝注入猫的脑内，结果这些动物都变成了痴呆。也有科学家解剖了一些因痴呆而死亡的病人，同样发现其大脑中含有高浓度的铝元素，最高者可达正常人的30倍以上。由此判断铝的超量对人的大脑是极为不利的。

油条制作时，须加入一定量明矾，而明矾正是一种含铝的无机物。炸油条时，每500克面粉就要用15克明矾，也就是说，如果孕妇每天吃两根油条，就等于吃了3克明矾，这样天天积蓄起来，其摄入的铝就相当惊人了。这些明矾中含的铝通过胎盘，侵入胎儿的大脑，会使其形成大脑障碍，增加痴呆儿的几率。

生活中的疗效食品

药补不如食补，食物疗法可防范药物疗法的副作用。当患有某些疾病时，有针对性地选吃食品，有辅助药物医病的疗效。

具有降血脂、降血压、防止血管硬化作用的食物：海藻、紫菜、山楂、黑木耳、蒜、芥菜、荷叶、莲心、洋葱、芹菜、荸荠、海蜇、蜂蜜等；牛奶、大豆、蘑菇、蒜、洋葱、甲鱼、海水鱼等对动脉粥样硬化有预防及降血压的功效。

具有消炎或使炎症减轻作用的食品：蒜、菠菜根、芦根、马齿苋、冬瓜子、油菜、蘑菇等。

具有降血糖及止渴作用的食物：猪胰、马乳、山药、虹豆、豌豆、茭白、苦瓜、洋葱等。

具有清热解毒功效的食物：西瓜、冬瓜、黄瓜、苦瓜、绿豆、扁豆、乌梅、菠萝、田螺等。

具有祛湿利尿作用的食物：西瓜、西瓜皮、冬瓜皮、茶叶、绿豆、玉米须、葫芦、鲫鱼、墨鱼等。

具有强健脾胃功能的食物：生姜、乌梅、鸡内金、麦芽、陈皮、花椒、茴香、葱、蒜、醋、山楂等。

具有润肠通便功效的食物：核桃仁、芝麻、松子、柏子仁、香蕉、蜂蜜等。

具有镇咳祛痰功效的食物：白果、杏仁、冬瓜皮、桔子、梨、冰

疗效食品

糖、萝卜、动物胆等。

具有补益作用的食物：饴糖、大枣、花生、莲子、山药可以补脾胃；羊肉、乌龟肉、胡桃、韭菜子、海参、虾等可补肾强阳；桂圆、红枣、桑葚、荔枝可补血；鱼肚、甲鱼、黑、白木耳可滋阴，动物肝脏可补肝明目。

高血压患者宜食物品

凡高血压患者，适宜食用以下食物。

苹果

苹果所含的钾，能与体内过剩的钠结合，使之排出体外，从而调节体内钾钠比例，使之保持平衡，有利于降低血压。科学吃法是：将苹果洗净后挤出苹果汁，每日3次，每次约50～100克。或每日吃3次，每次250克，连续食用，对缓解病情有利。

山楂

经药理实验证明，山楂浸出液有使血压缓慢而持久地下降作用。可以每日用鲜山楂10个，捣碎后加冰糖适量，水煎当茶饮。

柿子

柿子是一种优良的降压止血食品。可用柿饼10个,水煎,1日2次分食。或用生柿榨汁,以米汤调服半杯,1日2~3次。

鲜梨

鲜梨适宜高血压头晕、目眩、耳鸣、心悸者。经常食用,有降压、清热、镇静作用。

香蕉

香蕉能清热、利尿、通便、降压。高血压患者可以每日食用香蕉1~2个,也可用新鲜香蕉皮30~60克,洗净后煎水当茶喝。

葡萄

高血压患者可以经常食用成熟的新鲜葡萄或葡萄干,因葡萄含钾盐较多而含钠量较低,这对高血压之人颇为适宜。

西瓜

高血压患者可于夏天随意多吃些西瓜,因西瓜有利尿作用,从而起到降压效果。也适宜经常吃些西瓜籽,每日9~15克,因西瓜籽仁中含有一种能降血压的成分,对高血压患者有益。还可选用干西瓜皮同草决明子各12克,煎水当茶。

莲子心

据药理试验证实,莲子心提取的生物碱,有强而持久的降压作用。可

荸荠

用莲子心1.5克,每天开水冲泡当茶喝。

荸荠

可用荸荠60~120克,海蜇60克,一同煮水,1日分2~3次喝汤吃荸荠。也可用荸荠120克,海带、海藻各60克,煎水喝,这对原发性高血压患者尤为适宜。

花生

根据现代药理研究和临床运用,认为花生有降压和止血的功效。民间流传一法,适宜高血压之人常食。即用生花生米浸泡在米醋中,5日后开始食用,每天早上嚼服10粒。

大蒜

据德国医学科学家报告,用大蒜治疗80例高血压患者,血压都获得了稳定的下降,认为大蒜中含有一种配糖体,有降压作用。每天早晨空腹吃糖醋大蒜1~2球,并喝醋汁5~10毫

升，坚持食用，能使血压比较持久平稳地下降。

番茄

番茄具有清热解毒、凉血平肝、降低血压的功效。国外医学专家曾经分析，番茄除含多量维生素C之外，还含有维生素P，对防止高血压有一定作用。一般人如果坚持每天生食1～2个番茄，对防止高血压大为有利，尤其是高血压伴有眼底出血者，更加适宜。

芹菜

芹菜有降血压的功效。将生芹菜去根，用冷开水洗净，绞汁，加入等量蜂蜜，日服3次，每次40毫升，服时加温。

茄子

茄子中含有多量维生素P，特别是紫茄子，维生素P更多，它能降低毛细血管的脆性和渗透性，防止微血管破裂，适宜高血压之人服食。

萝卜

有稳定血压、软化血管、降低血脂的作用，可用新鲜白萝卜，洗净后榨取萝卜汁，每次约50毫升，1日2次，连饮1周，适宜高血压头晕之人。

茭白

可用新鲜茭白30～60克，同等量旱芹菜煎水，适宜高血压之人常饮，

茭白

有降压功效。

洋葱

由于洋葱几乎不含有脂肪，而且能够减少外周血管的阻力，对抗人体内儿茶酚胺等升压物质的作用，还能保持体内钠盐的排泄，从而可使血压下降。此外，洋葱皮中所含的芦丁，能使毛细血管保持正常的机能，具有强化血管的作用，对预防高血压和脑出血有益。

蕹菜

新鲜蕹菜如常法炒食，尤其适宜高血压病头痛之人，因为蕹菜中含丰富的钙质，对维持血管的正常渗透压有利。

菊花脑

可用鲜嫩菊花脑的苗叶或嫩头，不拘量多少，经常煎水喝，适宜高血压患者伴有头痛、头晕、目赤、心烦、口苦者食用，更适宜高

菊花脑

血压之人炎夏服食，起到降血压、清头目的效果。

茼蒿

茼蒿含有一种特殊的芳香气味，所含的氨基酸和挥发性精油能令人头脑清醒，兼有降压作用。可用新鲜茼蒿洗净后切碎，然后捣取茼蒿汁约50毫升，加入适量温水服用，1日2次，对高血压头昏脑涨者尤宜。

菠菜

菠菜具有活血脉、通胃肠、开胸膈、止烦渴的作用。据《食物中药与便方》介绍：用新鲜菠菜250克，洗净，然后放入开水中烫泡，约3分钟后取出，切碎，以麻油拌食。经常食用对高血压伴头痛、面红、目赤者有益。

青芦笋

青芦笋所含的有效成分，具有降低血压、加强心肌收缩、扩张血管和利尿作用，这对高血压及动脉硬化之人尤为适宜。可将新鲜芦笋煮熟后捣烂成泥状，置冰箱内贮存，每天吃2次，每次4汤匙，加水稀释后冷饮或热饮。亦可将芦笋配入其他素菜炒食。

黄瓜

黄瓜含有较多的钾盐，有利尿和降血压作用，并能清热、解暑，尤其适宜高血压之人夏天服食，可切片煨汤，可如常法素烧，也可洗净后生食，但高血压之人不宜多食腌制过咸的黄瓜酱菜。

海带

据药理实验报道，海带提取物褐藻氨酸，为一种降压有效成分，经试验证实有降压作用。但食用海带必需浸泡24小时以上，因为市售海带含砷量较高，往往高于国家食品卫生标准的30～40倍以上。砷是一种毒性很高的化学物质，经清水浸泡一昼夜后，干海带中的含砷量就可大为减少，达到国家食品卫生标准。

紫菜

紫菜有降低血压、防止动脉硬化和脑溢血的功效。最常见的食用方法是用紫菜烧汤喝。

海藻

据药理实验报道，海藻有较明显持久的降低血压作用。用海藻煎水常服，或与紫菜、海带等交替食用，可防治高血压，适宜高血压之肝阳上亢型者服食。

裙带菜

常吃裙带菜可以使血液净化和血压稳定，预防高血压。可将裙带菜作为腌、拌、煮和熬汤的食料。

香蕈

经现代研究证实，香蕈中含有一种核糖类物质，它可防止动脉硬化和降低血压，故适宜高血压患者经常食用。可配合其他降血压食品，如芹菜、黑木耳、萝卜、番茄、芦笋等一同食用更好。

金针菇

金针菇是一种高钾低钠食品，适宜高血压之人做汤或炒食，也可做火锅中的配料。还宜将金针菇洗净后置沸水中烫一下，捞起后细

裙带菜

切，加入麻油、调料、酱油拌匀作为冷盘食用。

米醋

米醋有降压作用。民间用米醋适量，放入冰糖500克，浸泡溶化后，每于饭后服1汤匙。也有用米醋适量，每晚放入10粒花生于醋内浸，至第二天早晨连醋一同吃下，连吃10～15天为1疗程。

蜂蜜

现代医学证明，蜂蜜和蜂乳对高血压之人能起到良好的治疗作用。可用蜂蜜约3汤匙，兑入温开水中冲服，1日2次。或每次服用蜂乳5毫升，早晚空腹温服2次，有很好的降压作用。

豆浆

长期食用豆浆和豆制品，不会使血液中胆固醇增高，故适宜高血压患者服食。每日喝纯豆浆2000毫升，加糖200克，分6次饮用。

玉米须

药理实验证明，玉米须的水浸出液、醇浸出液均有降压作用。可常用干玉米须30克，煎水代茶饮。用玉米须配合西瓜皮、香蕉煎服，适宜原发性高血压患者。也可用玉米须18克，决明子10克，白菊花6克，每天用开水冲泡后代茶，持续饮用，能稳定血压，改善症状。

枸杞子

豌豆头

豌豆头含有丰富的钙质，能维持心跳规律，加上其他维生素和矿物质的综合作用，对预防高血压很有帮助。可用鲜嫩豌豆苗一把，洗净后捣烂，布包榨汁，每次半杯，略加温后饮用，1日2次。亦可用鲜嫩豌豆头作蔬菜炒食。

绿豆

民间用绿豆配海带各60克，浸泡后共入锅内加清水，用文火煮沸至绿豆熟烂，每日吃1次，连吃2个月为1疗程。或用绿豆配黑芝麻各500克，共炒熟研粉，每次服50克，每天吃2次。对高血压患者有益。

枸杞子

对高血压患者来说，无论是枸杞子还是枸杞头，均宜食用。枸杞子配合白菊花一同泡茶饮用，枸杞头可于春季作为高血压之人时令佳蔬炒食为好，亦可凉拌食用。

木耳

无论是黑木耳还是白木耳，均适宜高血压患者常食。可以经常用银耳10克，冰糖10克，炖服或煨烂后食用。也可用黑木耳6克，清水浸泡一夜，蒸1小时，加冰糖适量，临睡前服，这对高血压患者伴有眼底出血时，更为适宜。

肉苁蓉

近代药理试验证实肉苁蓉有降血压效果（咸苁蓉忌用），可用淡苁蓉适量，泡开水当茶饮用，能降低血压。

芝麻

芝麻含有丰富的不饱和脂肪酸，可阻止动脉硬化，防止心血管疾病。用芝麻、醋、蜂蜜各30克，红皮鸡蛋清1只，混合均匀，日服3次，2日服完，常服有效。

马肉

马肉是一种高蛋白、低脂肪的肉食，蛋白质中的氨基酸达20余种，营养价值很高。此外，马肉还具有扩血管、促进血液循环、降低血压的功效，适宜高血压患者食用。

兔肉

在畜类肉食中，兔肉所含的脂肪量最低，而蛋白质含量最高，是一种难得的高蛋白质、高铁、高钙、高磷脂和低脂肪、低胆固醇的理想食品。对高血压患者来说，它可以阻止血栓形成，并有保护血管的作用，故宜常食之。

蛙肉

蛙肉俗称田鸡肉，有滋阴利水作用，又是一种高蛋白低脂肪食品。每100克蛙肉所含蛋白质为11.9克，而脂肪仅含0.9克，故凡血压升高而体质虚弱者，食之颇宜。

甲鱼

甲鱼性平，味甘，能滋阴凉血。高血压之人常表现为阴虚阳亢之症，所以，患有血压升高者，食之颇宜。

冠心病及动脉硬化症患者宜食物品。

鸽肉

鸽肉属于一种高蛋白低脂肪性食品，能益气养血。每100克鸽肉中，蛋白质含量高达22.14克，而仅含1克

蛤蜊

的粗脂肪。冠心病及动脉粥样硬化之人，食之颇宜。

雉肉

雉肉又称野鸡肉，是一种高蛋白低脂肪食品。每100克雉肉中所含蛋白质高达24.4克，而仅含4.8克脂肪，这对身体虚弱而又患有冠心病和动脉粥样硬化之人，食之尤宜。

蛤蜊

蛤蜊性寒，味咸，能滋阴液、润五脏。《本草会编》中说："蛤蜊其性滋润而助津液，故能润五脏，止消渴，开胃。"而且蛤蜊又是一种软坚化痰食品，对软化血管、防止动脉粥样硬化，最为适宜。

牡蛎肉

牡蛎肉性凉，有滋阴、软坚、化痰的作用。同时又是一味低脂肪高蛋白的清补营养品。研究发现，牡蛎的提取物能降低高血脂病人的血脂含量，其所含的氨基乙磺酸又能降低血胆固醇的浓度，从而可预防动脉粥样硬化。经常食用，颇为适宜。

青鱼

青鱼蛋白质与脂肪含量均颇高。每100克青鱼肉中含蛋白质高达19.5克，其脂肪含量也有5.2克之多。但青鱼脂肪与其他动物脂肪有所不同，

橄榄

一般动物脂肪多为饱和脂肪酸，胆固醇高，可促使血管硬化，因此，动脉硬化者忌吃。而青鱼肉中的脂肪含有多种不饱和脂肪酸，具有降胆固醇作用，所以，冠心病人及动脉粥样硬化者，经常吃些青鱼肉食品，颇为适宜。

鳝鱼

鳝鱼又称黄鳝，性温，味甘，中医认为它能通血脉、利筋骨、添精益髓。而且它又是一种高蛋白低脂肪食品，每100克黄鳝含蛋白质18.8克，仅含脂肪0.9克。体弱而又有冠心病及动脉硬化的患者，食之尤宜。

橘子

橘子性温，味甘酸，有化痰理气之功，另外，橘子中含有大量的天然维生素C，维生素C在体内的抗氧化作用对减少胆固醇及其他导致动脉粥样硬化的脂肪具有重大意义。经常服食橘子，心脑血管疾病的发病率明显

下降。

橄榄

橄榄中所含的橄榄油为不饱和脂肪酸，达80%左右，亚油酸也很丰富，人体消化吸收率达99%左右，橄榄油中还含多种维生素。在降低血液中的胆固醇，尤其是在预防动脉硬化方面具有特殊的作用。所以，凡高胆固醇血症患者，以及有动脉粥样硬化之人，常食橄榄，颇为适宜。

海松子

据现代研究，松子仁中含脂肪油74%，主要为油酸酯、亚油酸酯等不饱和脂肪酸。松子中的这些不饱和脂肪酸有降低胆固醇、甘油三酯的作用，可以有效地防止动脉硬化、冠心病等心脑血管疾病。因此，冠状动脉硬化性心脏病人食之颇宜。

葵花籽

葵花籽所含的多量亚油酸能防止胆固醇沉积在血管壁上形成动脉粥样硬化。一些治疗动脉硬化及冠心病的药就是从向日葵油中提取得到的亚油酸而制成的。冠心病及动脉粥样硬化者食之颇宜。

大葱

据现代医学研究，大葱能降低血清胆固醇，又有增强纤维蛋白溶解活性和降低血脂的作用，葱素还能治疗心血管的硬化症。正因如此，医学家

们建议，经常食用葱可以延缓血凝块的形成，减少动脉硬化症，防止脑血栓形成。所以，患有心脑血管疾病者，适宜经常吃些大葱。

薤白

薤白俗称小蒜，性温，味苦辛，有理气宽肠、散结定痛的作用，是中医治疗冠心病的常用品。一些治疗心绞痛的中医名方都用到它。

黑木耳

现代医学研究证明，黑木耳是一种天然的抗凝剂，有防治动脉硬化、冠心病的作用。适宜各种心脑血管疾病者经常食用。

菊花

菊花性凉，味甘苦，中医认为菊花有清热、明目、解毒作用，古代医家也认为菊花能"利血脉，治胸膈壅闷"。据现代临床实验表明：科学食用菊花对胸闷、心悸及头晕、头痛、四肢发麻等症状，有不同程度的疗效。经常用白菊花泡茶频饮，对冠心

灵芝

病及动脉粥样硬化者，最为适宜。

灵芝

据现代研究，灵芝能增加冠状动脉血流量，降低心肌耗氧量，加强心肌收缩力，对抗动脉粥样硬化的形成。患有冠心病及动脉硬化之人，宜长期食用。

玉米

玉米中含有大量的植物纤维素，长期食用，可以起到预防冠心病和动脉硬化的作用。先以玉米粉适量，冷水溶和，待粳米粥煮沸后，再调入玉米粉同煮为粥，供早、晚餐时温热服食。

黄豆

黄豆因含丰富的不饱和脂肪酸，长期食用，对冠心病和动脉粥样硬化者极为有利。研究表明，连续食用3周以黄豆为主的植物性蛋白饮食，可除掉附着在血管壁上的胆固醇，维持血管的软化。黄豆适宜用水煮食，或做成各种豆制品食用，不宜炒食。

酸奶

临床观察，每天喝一杯酸牛奶，连续食用一周，可使血液中胆固醇含量减少5%～10%，可见酸奶有降低血清胆固醇的作用，这对防治动脉粥样硬化和冠心病的形成，极为有益。

干贝

在每100克干贝中，含蛋白质67.3克，而脂肪含量仅3克，还含有多量维生素，是一种高蛋白质、高维生素、低脂肪的营养滋补食品，对冠心病和动脉硬化症有防治效果。

糖尿病患者饮食宜忌

增加食物纤维的进量

纤维素是一种不能为人体消化吸收的多糖。糖尿病人适当地增加食物纤维的进量，有以下益处：其一，高纤维食物可以降低餐后血糖，改善葡萄糖耐量，减少胰岛素的用量以及降低血脂；其二，能减缓糖尿病人的饥饿感；其三，能刺激消化液分泌及促进肠道蠕动，预防便秘的发生。

下列食物中含纤维量较多，可作为糖尿病人经常选吃的食品，如：绿豆、海带、荞麦面、玉米面、燕麦面、高粱米、菠菜、芹菜、韭菜、豆芽等。有一点必须注意，虽然食物纤维对糖尿病人有好处，但是也不宜过分单一食用，凡事总有个度，糖尿病人讲究营养平衡更为重要。

合理摄入植物油

玉米油、葵花子油、花生油、豆油等，因其中含有较丰富的多不饱和脂肪酸，它是必需脂肪酸，在体内能帮助胆固醇的运转，不使胆固醇沉积于血管壁，所以这对预防糖尿病的一些并发症，如动脉硬化等有积极的作用，正因如此，糖尿病人所需烹调用油以植物油为好。但是，植物油也不能大量食用，过量食用便会暴露其明显的副作用，如产热能过多而导致的脂肪等。科学家们建议：饮食中多不饱和脂肪酸与饱和脂肪酸之比，为1：1～2较好。

理想食物——大豆

大豆是糖尿病人较理想的食物，这是因为它所含的营养物质成分有益于糖尿病人。其一，大豆是植物性蛋白质的来源，不仅含量丰富，而且生理价值也高，必需氨基酸种类齐全，可以与动物性食物相媲美。其二，大豆中脂肪含不饱和脂肪酸、磷脂与豆固醇，对降低血中胆固醇有利。其三，大豆中碳水化合物有一半为人体

豆腐

不能吸收的棉籽糖和水苏糖。此外，大豆中还含有丰富的无机盐、微量元素与B族维生素。大豆及其制品，如腐竹、豆腐丝、豆腐干、豆腐脑、大豆粉等，均是糖尿病人的适宜食品。

慎选甜味品

有一些糖尿病人很爱吃甜食，但是甜食大多含糖量丰富，吃了又对病情不利。那么如何来解决这个棘手的问题呢？不妨试试下述方法：

其一：在诸多甜味剂中，适合糖尿病患者食用的以甜叶菊较好，虽然甜度为蔗糖的400倍，但是它不提供热能，故可选用。

其二：糖精作为甜味剂可以偶尔食用。但对妊娠妇女禁用。

其三：桃、梨、菠萝、杨梅、樱桃等甜味水果，可以适量食用。这些水果含有果胶，果胶能增加胰岛素的分泌，延缓葡萄糖吸收。此外，西瓜的碳水化合物含量较低，也可适量食用。

注意使血糖升高的食物

在我们经常见的食物中，下列食物很容易使血糖升高。如：白糖、冰糖、红糖、葡萄糖、麦芽糖、蜂蜜、蜜饯、奶糖、巧克力、水果糖、水果罐头、汽水、果酱、冰淇淋、甜糕点、蛋糕以及各种甜饮料、口服液、果汁等。

注意使血脂升高的食物

血脂升高，对糖尿病非常不利，是并发心血管疾病的重要原因。因此，糖尿病人不宜吃使血脂升高的食物，常见的使血脂升高的植物有猪油、牛油、羊油、黄油、奶油、肥肉以及胆固醇含量丰富的食物。

关于胆固醇，糖尿病人应明白，它有两方面作用，首先它是必需的物质，具有重要的生理功能，如组成细胞膜等等；但是摄入多了，就会引起副作用，如导致冠心病等。一般认为胆固醇的摄入量以每天在300毫克以下为宜。

杜绝饮酒

有一些糖尿病患者认为，酒是五谷之精华，适量饮酒可以活血通络，御寒，调节精神。对此要具体情况具体分析，如果病情较轻，逢节假日，亲戚朋友相聚，可以少量饮一点酒，并且，最好是啤酒或低度的其他酒；如果病情不稳定，或伴有肝脏或心血管疾病，应禁止饮酒。因为酒有下列危害：

其一：饮酒会增加肝脏负担。我们知道，酒精的解毒主要在肝脏中进行。肝脏功能正常的人，解毒能力强，能把大部分有毒物质进行转化，排出体外。而糖尿病人的肝脏解毒能力较差，饮酒势必会加重肝脏的负担而引起损伤。过量饮酒还容易发生高脂血症和代谢紊乱。

其二：糖尿病主要是胰岛素分泌不足所致。饮酒会使胰腺受到刺激而影响其分泌液的成分。

其三：酒本身就是高热量食物，每克酒精能产生7千卡热量，糖尿病人稍失控制，便可引起病情恶化。

清淡饮食

饮食口味过重，对人身体不利，传统中医为说明这个道理，曾用五行理论解释说：过于多食酸味的东西，因酸味入肝，则会使肝气偏盛，脾气而衰弱；过于多食咸味的东西，因咸味入肾，肾主骨，则会引起大骨之气劳倦困惫，肌肉短缩、心气抑郁；过于多食甘味的东西，甘之性缓滞，会使心气喘满，面色黑，肾气不能平衡；过于多食苦味的东西，则脾气不得濡润，消化不良，胃部就要胀满；过于多食辛味的东西，则筋脉败坏而松弛，精神也同时受到损害。因此，注意调和饮食五味，使其不偏不重，便可以骨骼强健，筋脉柔和，气血流畅，皮肤肌理固密，这样身体便健康，正因人们发现淡食有益于身体，所以很早就总结了淡食最补人一句摄食格言。对糖尿病人，尤其并发肾病的患者，日常饮食除了应遵循一般的保健要求外，更要注意少饮食钠盐。

饮食宜缓

饮食宜缓，就是饮食时不要暴饮暴食，粗嚼急咽。食物的消化，咀嚼是第一道工序，只有第一道工序加工得好，食物到了胃肠才能更好地被消化吸收。粗嚼急咽式的摄食有两大不益之处。其一：糖尿病人摄入的食物常常是经估算而来，其有效成分应该是被充分的吸收利用，但是，咀嚼程度的不同，可以影响其营养成分的吸收。有实验证明，粗嚼者比细嚼者要少吸收蛋白质13%，脂肪12%，纤维素43%。可见细嚼慢咽作用之重要。其二：粗嚼急咽会加重胃和胰腺等脏器的负担，时间一长，容易导致一些疾病的发生。

对饮食宜缓问题，古人早有认识：饮食缓嚼，有益于人者三：盖细嚼则食之精华，能滋补五脏，一也；脾胃易于消化，二也；不致吞呛噎咳，三也。这一总结，至今看来仍是非常有道理的，尤其对糖尿病人。

饮食宜暖

糖尿病人的饮食温度要适中，过烫或过寒的饮食都将引起不良反应。按照中医理论，人的脾胃特点之一是喜暖而怕寒，所以生冷的食物不宜多吃。饮食宜暖这一科学的摄食法则在我国医学名著《黄帝内经》中早有论述：饮食者，热无灼灼，寒无沧沧，寒温中适，故气将持，乃不致邪僻也。其意思是说：凡饮食，热的食物切不可温度太高，寒的饮食也不可温度太低，如果我们吃的能温度适中，那么，人体的正气将不会受到损伤，病邪也就不会乘虚而侵犯机体。这样身体也就太平了。

肠胃疾病患者饮食宜忌

胃十二指肠溃疡

宜进食软质的富含蛋白质、维生素和必需微量元素的食物。因蛋白质、维生素C、钙、锌是修补组织、平复创伤不可缺少的物质，铁、铜、钴等元素均可治疗贫血；而维生素B1可以改善食欲，促进糖的代谢，维生素B6可以防止呕吐，调节胃的功能。

不出血期间，可常食米粥、软面、豆浆、牛奶、奶油。因这些食物可减轻肠胃负担，减少胃肠蠕动和胃酸分泌。

禁忌各种刺激性食物、饮料，如辛辣食物、酒类、浓茶、咖啡；易胀气难消化的食物如豆类、干果；多纤维的蔬菜，如芹菜、韭菜。此外，油炸物和腌制品、酸物和糖类亦不宜多食。

胃炎

胃炎患者饮食要定时定量，易于消化。少食多餐，细嚼慢咽。萎缩性胃炎，胃阴不足者，宜食滋润多汁食物，如藕粉、粥类、果汁、酸味水果或乌梅制品，副食烹调中，也可用些醋，以增加胃酸。肥厚性胃炎，宜进食一些碱性食物，如苋菜、芹菜、海带、牛奶、豆制品等。在面食和米粥中也可以适当加碱以中和胃酸。

胃炎患者应忌烈酒、浓茶、咖啡等刺激性饮料和辣椒、胡椒、芥末等辛辣芳香调料。胃酸过多者，应忌酸性食物，少吃糖类；胃酸缺少者，应忌食碱性食物。

眩晕患者宜食物品

下列食品对眩晕患者有利，可经常食之。

芝麻

芝麻性平，味甘，能补肝肾、润五脏。《本经》中说它："补五内，益气力，填脑髓。"《食疗本草》亦载："润五脏，填骨髓，补虚气。"现代《中药大辞典》记载："黑芝麻治肝肾不足，虚风眩晕。"对眩晕属虚者，无论是肝肾不足的眩晕，还是气血亏损的眩晕，皆宜食用芝麻。

桑葚

桑椹

桑葚既能补肝肾，又能益气血，虚症眩晕者宜常食之。尤其是对用脑过度、神经衰弱的眩晕症患者，更为适宜。

胡桃

体质虚弱、气血不足、肝肾亏损的慢性眩晕症患者，宜常吃胡桃肉。《本草纲目》记载："胡桃补气养血。"《医林纂要》说它"补肾固精"。所以，肾虚眩晕者更为适宜。

淡菜

淡菜有补肝肾、益精血的功效，对虚症眩晕尤为适宜。老年头晕、阴虚阳亢者，民间常用淡菜300克，焙干研细末，再用陈皮150克，共研，蜂蜜拌和做成赤豆大小丸子，每次吃3～6克，1日2次。高血压耳鸣眩晕者，用淡菜15克，焙干研细末，松花蛋1个，蘸淡菜末，每晚1次吃完，连

吃5～7天。

猪脑

虚症眩晕患者最宜食用猪脑。《别录》载："猪脑主风眩、脑鸣。"《四川中药志》认为猪脑"补骨髓，益虚劳，治神经衰弱，偏正头风及老人头眩"。

旱芹

旱芹俗称香芹、药芹。性凉，味甘苦，有平肝清热、祛风利湿的作用，对非旋转性眩晕，尤其是高血压眩晕者，最为适宜。

海蜇

海蜇有清热、化痰作用，适宜淡浊中阻所致的眩晕和肝阳上亢眩晕患者食用。对高血压头昏脑涨眩晕者，宜用海蜇60～90克，漂洗去咸味，同荸荠等量煮汤服食。

白菊花

白菊花性凉，味甘苦，能疏风、清热、平肝。《神农本草经》早有记载："主诸风头眩。"《药性论》中亦说："能治热头风旋倒地。"民间对高血压头昏，或肝阳上扰的眩晕症患者，常用白菊花三五朵，泡茶频饮。

松花粉

松花粉有祛风、益气的作用，可治疗头旋眩晕病。《元和纪用经》中有一松花酒方，是医治"风眩头

松子仁

晕"，就是单用松花粉适量，绢袋盛，酒浸7～10天，每次饭后饮服少量。

松子仁

松子仁有养液、熄风的功效，体虚眩晕者宜食。《药海本草》云：松仁"主诸风"。《开宝本草》亦载："主头眩。"虚弱眩晕者宜用松子仁同胡桃仁等量，捣研和匀后空腹食用。

枸杞子

枸杞子性平，味甘，能补肝肾、明耳目，适宜肾精亏损眩晕者食用。

《本草述》就有记载："枸杞子疗肝风血虚，治中风眩晕。"对血虚眩晕或肾虚眩晕，民间习惯选用枸杞子30克，羊脑1副，加清水适量，隔水炖熟，调味服食。也有用枸杞子30克，红枣10个，鸡蛋1个，同煮，鸡蛋熟后去壳再煮15分钟，吃蛋喝汤，对眩晕患者颇宜。

天麻

天麻俗称水洋芋、赤箭芝，性平，味甘，善治各种眩晕症。古代医家张元素说它"治风虚眩晕头痛"。

龙眼肉

《本草汇言》亦载："主头风，头晕虚眩。"明·李时珍还说："眼黑头眩，风虚内作，非天麻不能治。"由于天麻有平肝熄风的作用，所以对眩晕、目花发黑、天旋地转、面色通红、头重脚轻等肝阳上亢和风痰上扰引起的眩晕症，最为适宜。对虚症眩晕，民间常用天麻同老母鸡，或瘦猪肉煨食，亦颇适宜。

何首乌

何首乌有补肝肾和养血的作用，对肾虚血虚头晕目眩、腰膝酸软、面色萎黄者，宜用何首乌粉，经常调服。亦可用首乌粉和山药粉一同食用。

紫河车

紫河车大补元气、养血益精，凡体质虚弱、气血不足，或贫血，或白血球减少所致的眩晕症，最为适宜。

对肝肾不足、神经衰弱的眩晕症，也十分有益。

人参

人参有大补元气，治疗一切虚损的功效。对气血不足的眩晕症患者，最为适宜。《本草纲目》中就曾记载："人参治男女一切虚症……眩晕头痛。"但对肝阳上扰的眩晕，或是肝肾阴虚的眩晕，则不相宜。

龙眼肉

龙眼肉有补气血、益心脾的作用，气血不足的眩晕症，宜食之；贫血及神经衰弱的眩晕患者，亦颇适宜。痰浊眩晕及肝火眩晕者忌食。

牛肚

牛肚为甘温益气之品，能补虚、益脾胃，气血两虚型眩晕者，宜常食之。《食疗本草》中曾记载，牛肚"补五脏，主风眩"，风眩实指气血不足眩晕症而言。

狗肉

狗肉有补中益气，温肾助阳作用，唐代食医孟诜说它"补血脉，填精髓"。《日华子本草》也认为狗肉"补虚劳，益气力"。凡身体虚弱者眩晕症，皆宜食之。

阿胶

阿胶性平，味甘，有补血养血的功效。凡贫血之人头晕目眩者，用阿胶与大枣或龙眼肉一同蒸食，更为适宜。

海参

海参能补肾、益精、养血。《食物宜忌》中就说它"补肾经，益精髓"；《随息居饮食谱》亦称其"滋阴，补血"，凡体虚年迈之人，无论是气血不足眩晕，或是肾精亏损眩晕者，皆宜经常服食。

鳙鱼

鳙鱼俗称黑鲢、花鲢，能补虚弱、暖脾胃。《本草求原》中还说："暖胃，去头眩，益脑髓。"因此，凡体虚眩晕者，宜食之。

荸荠

荸荠性寒，味甘，有清热、化痰的作用。《本草再新》也说它"清心降火，补肺凉肝，消食化痰"。对实症眩晕，尤其是肝阳上亢眩晕及痰浊中阻眩晕者，食之尤宜。

金橘

金橘能理气、解郁、化痰。《随息居饮食谱》说它"醒脾，辟秽，化痰"。《中国药植图鉴》还说"治胸脘痞闷作痛，心悸亢进"。痰浊中阻眩晕症者，食之为宜。

橘饼

橘饼能化痰、宽中、下气，痰浊中阻眩晕之人宜食之。另外，橘皮、橘红、橘络皆有化痰利气的作用，痰湿偏重之眩晕者，食之皆宜。

萝卜

萝卜有化痰热、消积滞的作用。《本草经疏》还说它"去痰癖，化痰消导"。痰浊中阻眩晕者，食之则宜。

菊花脑

菊花脑性凉，有清热凉血的作用，也能降血压。尤其是在春夏季节，血压偏高，肝火偏旺的眩晕者，食之尤宜。既可炒食，更宜煎汤食用。

发菜

发菜俗称竹筒菜、龙须菜，性寒，能清热、软坚、化痰，痰浊中阻眩晕症，或高血压之人肝阳上亢的眩晕症患者，尤宜食之。

马兰头

马兰头性凉，能凉血、清热、利湿。对高血压之人头痛眩晕者，中医辨证属肝阳上亢眩晕症，食之颇宜，有平肝凉血的效果。

荷叶

荷叶能清暑利湿、升发清阳。《医林纂要》中记载："荷叶，多入肝分，平热，去湿，以行清气。"《滇南本草》还说它"上清头目之风热，止眩晕"。高血压病，高脂血症之眩晕者，或是夏季炎热中暑头昏眩晕者，食之颇宜。

灵芝

《神农本草经》中记载："灵芝

保神，益精气，坚筋骨。"《本草纲目》说它能"疗虚劳"。后人多认为灵芝益心气，补精气，并常用于治神经衰弱。因此，凡体虚之眩晕者，皆宜食之。

白首乌

白首乌主产山东，又称山东何首乌，性微温，味苦甘涩，无毒，有滋养、强壮、补血以及收敛精气、乌须黑发的作用。据《山东中药》介绍："泰山何首乌对某些虚弱病者的强壮作用，较之蓼科的何首乌为优。"因此，对气血不足眩晕和肾精亏损眩晕者，常食为宜。

决明子

决明子能清肝热。《湖南药物志》中说它能"治昏眩"。尤其是对肝阳上亢眩晕者，包括高血压病、高脂血症所引起的昏眩，最为适宜。民间也常用以炒黄，水煎代茶饮。

驴肉

驴肉性平，味酸甘，能补血益气，故凡体虚之人、气血不足而眩晕者宜食之。正如《饮膳正要》所言："野驴，食之能治风眩。"

鱼鳔

鱼鳔又称鱼胶、鱼肚，有补肾益精和滋补强壮的作用，这对肾虚眩晕和产后血晕以及脑震荡后遗症的头昏眩晕者，食之最宜。

此外，虚症眩晕者还宜选食银耳、蜂乳、燕窝、猪心、猪肾、乌骨鸡、乌贼鱼、石首鱼、牡蛎肉、蚌肉、大枣、山药、荠菜、牛奶以及禽蛋类、鱼类、瘦肉类、豆制品类、食用菌类等；实症眩晕者还宜选食丝瓜、冬瓜、瓠子、黄瓜、莴苣、绿豆芽、金针菜、空心菜、茭白、槐花等。

穿的学问

CHUAN DE XUE WEN

体会色彩的魅力

色彩、款式、质地是构成服饰的三要素。三者相比，色彩是影响人的视觉效果最重要的因素。色彩是服装的精华，它能显示一个人的气质与格调，能帮助人们创造一个完美的形象。

面对五彩的世界，怎样才能使我们的穿着也具有色彩的魅力呢？首先我们得了解一点色彩的知识。

一般色彩可分为无彩色和有彩色两大系列。无彩色主要由黑、白、灰组成。有彩色按可见光的不同波长区分，有红、黄、绿、青、蓝、紫等色。

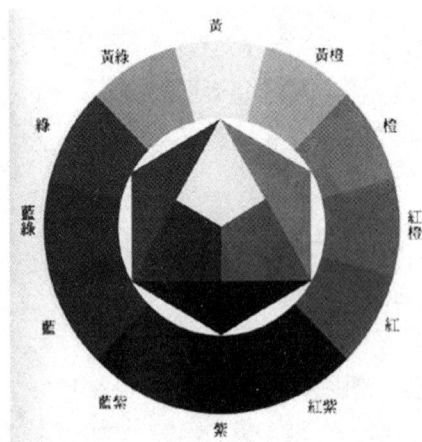

色彩

色彩具有三种属性：色相、明度、纯度。

1.以明度为主配色组合服装

选择同一色相与它不同明度的色彩相配，可以组合成高明度的配色、类似明度的配色、中明度的配色、对比明度的配色、低明度的配色五种服装色彩搭配方式。色彩的整体效果明快、清新、柔和、稳重、含蓄。例如：白色上衣配白色或浅米色裤子；黄色上衣配米黄色裙裤；浅蓝色衬衣配深蓝色西服。这类色彩搭配的特点比较注重整体的和谐统一，尤其适合职业女性，可显示出稳重、成熟的个性。

单一色彩的不同明度色彩相配应注意配饰也与之呼应，如袜、首饰、鞋等，这样全身整体效果简单、引人注目。同时，由于色彩纯粹而显示出款式的语言和身体的线条，矮个子女士尤其可以试一试。

2.以色相为主配色组合服装

会运用一个颜色，就可再尝试两个颜色的运用。请注意，无论这两个颜色的位置如何，切忌一半对一半的比例。红衫绿裤不是绝对不美，但没有较高技巧，或特别环境的映衬却是绝对不好看的。一般来说，两个颜色的比例在2：8或3：7左右都可以。

以色相为主的服装配色主要反映

对比配色

色相环中两个或两个以上的服装色彩组合。它包括三种配色方式：

（1）类似色相的配色。在色相环中任选一色，相邻60°以内的色彩为类似色，如黄、黄绿、橙组成类似色调，这个色调既接近但又有明显的差异。在整体上显得统一，局部又有微小变化，这种配色方法是初学者最易掌握，而又有较好效果的一种配色法则。

（2）对比色的配色。在色相环中相距120°的三色为对比色，如黄、紫红、蓝绿或绿、蓝紫、橙三色的搭配组合。对比色相的色彩搭配效果活泼、强烈，但不易调和，在服装配色时，可以选择三色中一色为高纯度色，将另二色的明度和纯度降低，搭配后的效果生动和谐。

（3）互补色的配色。在色相环中相距180°相对的二色进行服装色彩搭配，如红与绿、蓝与橙、黄与紫二色的搭配组合，具有强烈的对比性，有互相衬托的效果。但互补色双方相配时，服色面积比例应注意，一般情况，黄：紫＝1：3，橙：蓝＝1：2，红：绿＝1：1。互补色相配要达到和谐，可采用配色双方分别点缀对方的色彩，如黄色短上衣配紫色大摆裙，在黄色上衣的袖口、领口、门襟处镶以紫色滚边，上下呼应。也可在互补色双方配以少量的金、银饰品，但金、银装饰的比例应在1/10到0.5/10左右，少而集中，否则效果就会流俗。还可以是两色中一色为素面，另一款为碎花互补色面料，但面料中含素面色的成分，例如，红色萝卜裤配红绿色碎花T恤，色彩鲜明，装饰意味浓厚。

以色相为主的服装色彩组合，在色彩搭配时一定要有一个色调的意识。即整体的装扮虽然色彩并不少，但都是为一个主旋律服务，这样颜色才不至于显得杂乱无章。

3.以纯度为主配色组合服装

我们只要仔细地观察，便会发现不少服装的颜色表现得过分朴素，或过分华丽、过分年轻、过分热烈，这一切都是在颜色的处理上因纯度过强或过弱而产生的。

色彩的纯度强弱是指在纯色中加入不等量的灰色，加入的灰色越多色彩的纯度越低；加入的灰色越少，色彩的纯度越高。这样可以得出这一纯色不同纯度的浊色，我们称这些色为高纯度色、中纯度色、底纯度色。

高纯度色有显眼的华丽感觉，如黄、红、绿、紫、蓝，适合于运动服装设计。中纯度有柔和，平稳之感，如土黄、橄榄绿、紫罗兰、橙红等，适合于职业女性服装。低纯度色涩滞而不活泼，运用在服装上显得朴素，沉静，这时选择高档面料会使低纯度颜色显得高雅，沉着。当然，不能只感受单一的色彩效果，而要掌握住不同纯度之间的配色效果。

（1）纯度差小的配色，有高纯度与高纯度相配鲜明、强烈；中纯度与中纯度相配年轻、华丽；低纯度与低纯度相配平淡、朴素。

（2）纯度差中等的配色，有高纯度与中纯度相配。这种配色处理要注意将色与色之间的明度和色相差拉开，不要选太相近色相的色彩；中纯度与低纯度相配朴素、沉静，在处理这类色彩搭配时，一定要增强明暗对比，扩大明度差，在沉静中注入活力。

（3）纯度差大的配色，有高纯度与低纯度相配。高纯度活泼华丽，因此在配色时要恰当地、灵活地运用，使配色能达到最佳效果。

总之，在基于纯度的配色里，增强色彩的明润感，纯度的对比加强了，也增强了配色的艳丽和活泼，同时色调的情调也得到加强。当然，纯度对比过份了，则会产生杂乱感；过弱则产生无力苍白感。

4.以黑、白、灰之间配色组合服装

黑、白、灰三色在服装配色中被冠以永恒的流行色。黑色，深富表情，在服装上应用得当有理智、成熟之感，甚至可以提高穿着者的品位。正确地使用黑色将使肤色白皙的女性更显洁白；高大的女性显得矫健；健美的女性显得苗条。但黑色也隐藏着孤寂的年老的一面，黑色使用不当往往会与自己的愿望背道而驰，深色皮肤的青年穿着会感到模糊不清，天真烂漫的女孩子穿着会失去稚气而显得老气横秋，体态不美的女性穿着会显得拘谨。黑色的另一特点是随衣料而变，衣料有光泽就感到华丽宝贵，无光泽就显得朴素诚实；有绒毛的织物可冲淡黑色的孤独、强硬的感觉而显温暖丰满，所以黑色毛织物衣料几乎人人合适。

白色很容易受周围色彩的反射作用而产生温暖或寒冷的不同感觉。就其本身讲，白色是高贵的，但如受周围环境的影响，它会浮现出华丽和寒酸的感觉来。白色的使用要配以细心的打扮和整洁的穿着才能真正显示出光彩来。白色有明亮，生气勃勃，高尚纯洁的象征感，天真无邪、生动活泼的青年人特别适宜选用。而对于体型线条柔弱，精神不振，带有病态的人就不太合适了。

灰色本身柔软，缺乏自立自主的性格，在近似白到近似黑之间，可区分出许多种灰色，它们的性格各异。

像银灰色，淡而明亮，显得华丽；炭灰近似黑色，显得沉着；带有其他色素的灰色，在服装搭配中就要认真思索应用了。如果气色不佳，应避免使用青灰色，否则会给人以落寞的孤独感。

世界上有许多民族喜爱黑与白的配色，因为其典雅华丽，端庄大方，历来博得人们的青睐。白中有黑，黑中有白，黑白交错，形成了不同程度的深灰、中灰、浅灰，使服装产生一种微妙的视觉效果。黑、白相配的服装在面积处理上一定要有主次，面积比以3：1为最佳配色效果。

5.以无彩色与有彩色之间配色组合服装

在白、黑、灰的无彩色中，配上有彩色的一个色相，容易达到配色的协调，在明度上进行变化，可以得到明快的朝气蓬勃的调和。有彩色具有单独的表情，由于无彩色的对比而被强调、使有彩色表现得更为突出。有彩色和无彩色相配时切忌同等明度，特别是纯度弱的颜色和同等明度的无彩色配合，更会产生单调的效果。下面介绍几组最佳搭配方法：

（1）白色和鲜明色搭配，引人注目，往往充满青春魅力，与黑、海军蓝、鲜红、绿、深褐色、紫组合可形成一种对比的美感，给人轻柔明快的感觉，颇受女性偏爱。

（2）白色与黑色搭配，配上红色的帽子和腰带，给人成熟稳重的印象。

（3）白色与灰色搭配，绿色的帽子、腰带可使服装更为突出。

（4）白色与淡黄搭配十分和谐，配上银灰色的马甲，服装整体效果活泼中透出沉稳。

（5）黑色与有彩色配，显得平稳沉着，富有浓郁的民族色彩。黑色适合于跟暖色相配，除了金黄色外，还可与红、粉红、灰棕、黄褐、紫色相配，加以少量的白色点缀，效果更好。但黑色不宜与海军蓝、深绿、熟褐等深色组合。

（6）高贵无比的紫色与黑色相配，极富有现代感，是追赶时髦的女性极佳的选择。

（7）黑色与赭红相配，选择厚实的面料制作，典雅、古朴、适用于成熟的女性。

（8）黑白大花格套装配一条玫瑰红色围巾，便可完美地改变形象。

（9）灰色与有彩色系相配能够达到柔和的配色效果。灰色尤其适合与暖色系相配，如红、粉红、褐、鲜绿、橙等都较合适。当灰色与浅色的紫灰、黄灰、绿灰等色组合时，应用强烈的色彩作点缀，以免服装的配色

平淡而不清醒。

服装色彩搭配的二原则

（1）衣服颜色搭配最多只能用三种颜色，而且其中最好一种颜色是白色，不然就容易不协调。若是两种强烈的色彩搭配，而且两色分量相同，搭配起来也很难达到美的效果。最好是以其中一色为基础，另外一色使用的分量则少一点。

（2）身材肥胖的人最好不要穿红、黄、白色等色彩的服装，因为明亮调子的色彩会给人一种扩张感，使本来就肥胖的身材显得更加肥胖。相反，身材纤细的人也不宜穿深暗色调的服装，因为深暗色调给人一种收缩感，会使体形更为纤细而感无力。还有，下肢较短的人，应力求使上、下装的色彩统一，而不要使上、下装的色彩对比强烈，明显分开，否则，会使自己的弱点更加明显。

同种色服装搭配的技巧

同种色是指一系列颜色相同或相近，由明度变化而产生的浓淡深浅的色调。如中性色同种色的搭配，可由

银灰色条绒上装、白衬衫、深烟灰法
兰绒裙子、烟灰底子白圆点印花丝
巾、黑色高跟鞋、黑色网眼丝袜、银
灰色与白色交织的细格帆布提包等组
成。同种色搭配要注意色与色之间的
明度相差不能太近也不能过远，例如
黑与白明度对比太大，则需用灰色加
以过渡。用作过渡的色调，可施之于
背包、腰带、围巾等附属饰物。同种
色搭配时，最好有深、中、浅三个层
次的变化。少于三个层次的搭配比较
单调，层次过多则易产生繁琐散漫的
效果。

选配首饰的学问

珠宝饰物的佩戴，只有掌握比例
相配法，才能显示出个人的特有风
采。

瘦长脸型者，配上纽扣型耳环，
可使脸部显得较宽，而方脸型者，应
选择长圆或圆形的耳环，可减少棱角
感；圆形丰满脸型者，可配上尖型耳
环，可使脸型显得长些；身材纤细
者，应戴小巧秀气的耳环，才能衬出
大方的气质。再配以短项链，可更增
添女性之美。

手指短，切忌佩戴小而圆的戒
指，否则手指会显得更短，应戴凸起

而长形的戒指，这就会显得手指"纤
细"多了。卵形的宝石戒指则最适合
于短手指者佩戴。

孕妇不宜穿化纤类内衣

临床医生发现，一些人穿上化
纤内衣后。躯体直接与内衣接触的
地方，如胸部、腋窝、后背、臀部、
会阴等处，皮肤上会出现散在的小颗
粒状丘疹，周围还有大小不等的片状
红斑，并伴有瘙痒和不适的感觉。为
控制瘙痒和防止抓破感染，医生常吩
咐患者服一些镇静药物和脱敏、消炎
药。但是妊娠妇女服用这些药物，会
影响胎儿的发育，甚至会造成胎儿畸
形。哺乳期妇女穿化纤内衣，不仅会
因服用上述药物影响乳汁质量，进而
影响婴儿健康成长，而且会使化学纤

维堵塞乳腺管，导致乳汁分泌不足。因此，尽量不要穿化纤类内衣，特别是孕妇或者哺乳期妇女更要注意避免。

不宜常染发

如果长期使用染发剂，对身体健康却是有害的。

因为染发剂含有氧化染料，是一种对位苯二胺。这种物质可以和头发中的蛋白质结合形成抗原，轻者会使头皮因发生过敏而刺痒、红肿；重者则会使脖子、头皮、脸部发生肿胀，起水泡、流黄水，甚至化脓或感染。有的染发剂含有潜在致癌物质2，4-氨基苯甲醚，容易积存在染发者各部位，使体内细胞增生，突变性增强，久之会使人患皮肤癌、肾癌、膀胱癌、乳腺癌、子宫颈癌等。因此不宜常染发。

口红涂抹要适宜

口红能够美容，但是常涂口红对身体健康来说却是不宜的。这是因为，口红中的羊毛脂会吸附空气中的微量的铅和大肠杆菌。据报道，口红具有"光毒性"，专家们用两支20W的荧光灯照射混有大肠杆菌的口红，约有20%的菌种会产生突变，因为染料分子吸收400～760毫微米可见光的能量，会使生物中的核糖核酸遭到破坏。专家们发现，常涂口红者中，有30%的人会出现嘴唇干裂、肿胀等过敏症状，还有些人会引起中毒，甚至产生癌变。

所以，口红应以少涂为佳。皮肤娇嫩、体质脆弱者，对有害物质更为敏感。在吃东西或睡前，应将口红洗净。涂抹口红后，一旦有轻微发痒和异常感觉时，应立即停止使用，以防引起口红过敏。

贴身穿尼龙衣裤的弊端

有些青年喜欢在秋冬季贴身穿尼龙衣裤。其实，这样做是欠妥当的，是不科学的。

尼龙衣裤一般都容易带静电，比如，脱腈纶内衣时，常会听到噼啪声响，在黑夜或暗处，会看到火花似的闪光；脱尼龙衫时，尼龙衫会有自行飘逸现象；穿针织涤纶外衣时，容易吸附灰尘等。这便是尼龙衣物带静电的现象。其所以带静电，是因为尼龙、涤纶、腈纶都是电介质，吸湿性差，会在摩擦作用下生电。实验证明，不同类型的化纤所带的静电荷也不同。尼龙带正电荷，而涤纶、腈纶却带负电荷。负电荷能激发人体生物电流，促进血液循环，从而起到消炎止痛的作用；正电荷却往往会使人过敏。尼龙衫裤带的就是正电荷，作为内衣贴身穿，会刺激皮肤，使人觉得周身发痒、不舒服，有的人会引起皮炎，出现丘疹、水疱或疖肿，有人血液的酸碱值会因此而发生变化，导致体内钙质减少、尿中钙质增加，从而破坏体内电解质的平衡。

妇女若贴身穿尼龙衫裤，由于正电场的作用，还容易引起尿道综合征，出现尿急、尿频、尿痛等尿道刺激症状，就诊时往往会误诊为细菌性尿路感染。

因此，尼龙衫裤不宜贴身穿。如穿尼龙衫裤时，可贴身穿上棉毛衣裤。由于棉纤维吸湿较好，还能减弱尼龙衣裤上的静电对人体的不良作用。

长期穿牛仔裤害处大

牛仔裤布料厚实，颜色淡雅、紧身、挺括。男女青年穿着它会显得朴素大方、健康活泼；加之它结实、耐穿、耐脏，因而很受青年人的喜爱。

然而，牛仔裤却是不宜长期穿着的，长期穿牛仔裤弊端很多。

首先，看它对女青年之害。女青年的阴道经常分泌一定量的液体，使内裤出现黄色污斑。因此，要求内裤以宽大、质软、通风、吸水性强为好。但是，牛仔裤质厚纹密，通气性能差，穿着它，会使阴部局部环境闷热，湿气无法散发，各种分泌物混在

一起，很容易产生臭味，而且局部皮肤、黏膜娇嫩，很容易被浸渍而发炎，产生破损，使皮肤防御功能下降。特别是夏季，很容易产生痱子、毛囊炎、股癣、体癣、会阴部湿疹等。细菌也很容易上行感染，引起尿道炎、膀胱炎等症。因此，女青年切不可为贪时髦而长期穿牛仔裤。

其次，看牛仔裤对男青年健康的影响。男青年长期穿牛仔裤，可能会对睾丸的生精功能造成损害，形成少精子症或无精子症而失去生育能力。因为阴囊有丰富的汗腺，并有一层叫做内膜的肌肉层。当外界（或体内）温度升高时，阴囊肉膜松弛，汗腺大量分泌汗液，使阴囊内温度降低。冬天，阴囊则不出汗，且肉膜收缩，保持阴囊温度在34～35℃，这是睾丸产生精子的最佳温度。穿牛仔裤的男性，会把睾丸挤压到腹股沟处，此时阴囊的散热机制被破坏，睾丸就长期受体内偏高温度（37℃）的影响，失去产生精子的最适宜环境。久而久之，就可能导致少精子症或无精子症。因此，男青年也不宜长期穿牛仔裤。

运动鞋不要长穿

运动鞋和旅游鞋都是专门用于运动和旅游的专用鞋，穿着应有一定时间性，平时长时间穿用是不适当的。

这主要因为穿这种鞋时间长了，足部便会出较多汗水。鞋内汗水多了，湿热会刺激足掌皮肤，使脚发红或脱皮等。由于鞋内湿度和温度增高，会使足底韧带变松拉长，使脚面变宽，久而久之发展下去易变为平足。另外，平时穿的布鞋、皮鞋都有2厘米左右的后跟，它能充分保证人体重心平均分布在全足掌，支撑运动器官、韧带、肌肉、骨与脊柱保持正常的位置与工作状态；而运动鞋与旅游鞋的底部却是平的，没有坡度，这就使身体负荷在足部的分配非常不

均，因而影响步伐、姿势和内脏的位置。上述这些弊端，对处在发育旺盛时期的青少年，害处尤为明显。因此，除运动或旅行时可穿着运动鞋、旅游鞋外，平时不宜长时间穿用这些专用鞋。

穿后跟过高的皮鞋不利健康

从生理角度看，鞋跟高度合适，走路时可以缓冲对于颅脑所产生的震荡，身段也显得好看；如果鞋跟过高，会使身体重心和某些关节失去稳定性，从而造成急性或慢性损伤，以致出现高跟鞋病（腰腿病）。经实验证明，女鞋后跟高度以40～60毫米为宜。如果超过60毫米，人体就要前

倾，行路不稳，对身体发育不利，时间长了，会使骨骼变形，甚至酿成疾病。

不要穿过瘦的衣服

有些人，特别是女性为了追求苗条修长，显露曲线美，常常喜欢一些禁锢在身上的瘦衣服。岂不知，美是美了，但同时健康也受到了损害。

因为穿上禁锢束腰的衣服，像用带子缠住肌体，会影响胸廓发育，降低肺活量；腰束得过紧，复式呼吸就不能正常进行，势必影响胃肠功能及血液循环，甚至还可能引起胃下垂和女性的子宫移位等疾病，另外，穿很瘦的裤子，对男女青年的生殖器官也会产生不良影响。

因此，穿过瘦的衣服是不适宜的。

不宜长时间穿健美腹带裤

健美腹带裤多数采用质料紧密又有弹性的弹力尼龙做的，有的还在尼龙中加入极细的钢丝。

穿上这种健美腹带裤，能把松弛的腹部绷紧，可使下垂的臀部提高，

减轻身体的臃肿感。偶尔穿穿尚无不可，但是，若长时间穿这种裤子，则有损健康。因为腹部长时间受到较强外力压迫，不仅会妨碍呼吸和血液循环，影响胃蠕动与消化吸收功能，而且还可能引起膀胱炎和痔疮等疾病，因此，要慎重穿这种健美腹带裤。

新衬衣要先洗后穿

有的人买了新衬衣后不过水就穿在身上，等穿一段时间，衣服脏了再洗。这种做法是不科学的。

在服装制作过程中，为了使之美观，往往要用化学添加剂。例如，为了防止布面收缩，先采用甲醛树脂处理一下；为了使布色增白，又使用荧光增白剂；为了使衣服平滑美观，一般要进行离子树脂处理；为了使衣服挺括大方，还要进行上浆处理。总之，在一件看起来相当整洁美观的衬衣上，实际上黏附有多种化学制剂。如果衣服在穿前不洗涤干净，当衣服穿在身上时，这些化学物质就会与皮肤广泛接触，在人体温度较高、出汗多时，还会经毛孔渗入体内出现变态反应。轻者只是皮肤发痒、发红，重者则会引起皮疹，甚至可能出现某些中毒症状。

另外，新买的衬衣，往往由于布挺、缝硬，穿着很不舒适。所以，买回衬衣之后，应该先用干净的水洗净、晾干后再穿，不宜先穿后洗。

衣物干洗后要晾晒

干洗衣服时，最常用的干洗溶剂

是聚氯乙烯。研究证实，聚氯乙烯或其在干洗过程中的衍生物，对人的肾脏具有毒害作用。当人们从塑料袋中取出干洗过的衣服时，可以闻到聚氯乙烯气味。这种东西进入人体后，通过血液循环到达肾脏，从而产生毒害作用，严重时会使人出现腰痛、血尿、水肿等症状。

意大利科学家对50名干洗工和50名健康志愿者进行比较，发现干洗工的血和尿中有异常的蛋白和细胞碎片。进一步的研究证实：其肾实质结构和功能已发生损害。其机制可能是聚氯乙烯本身或其在干洗过程中的副产物，破坏了肾实质细胞膜的结果。

美国研究人员也发现，干洗店空气中聚氯乙烯含量超过50%即可引起肾脏毒性。经常穿干洗衣服，吸入含聚氯乙烯的蒸汽，可以引起慢性蓄积中毒。

医学家建议：干洗工应定期进行肾功能监测；而穿用干洗衣服者，应在把经过干洗的衣服从干洗店取回后，从塑料袋中取出，把它晾一下，待聚氯乙烯散失后再穿。

女性空调房要穿袜

夏天，女孩子们常喜欢赤脚穿着凉鞋去上班，在冷气充足的办公室里一待就是一天。而回到家里，常常也是整夜开着空调。过了一段时间后，不少女性突然发现自己月经紊乱而且腹痛难耐，这是为什么呢？

有关专家认为，人体能够对温度进行自发地调节。周围气温高时，人体皮肤的血液循环加速，体表温度升高，并通过出汗进行排热。冬天因为冷，人体内的血液循环会变慢，以减少身体热量流失。但人体这种自发调节并不能迅速转换，人从炎热的室外进入空调房间，末梢血管不能很快收缩，造成末梢血液循环不良。因此，室内温度长时间过低很容易出现腹痛和痛经等症状。

专家认为，常坐办公室的女性，尤其是年轻女性，如果长期处于空调的冷风下，可能会影响卵巢功能，使排卵发生障碍，从而导致月经失调，腹痛腹胀。

为了避免女性朋友发生这种情况，首先要把室温恒定在26℃左右；其次，开空调时，一般低处最凉，最怕冷的是腿和脚，所以女性在空调房里一定要穿袜子，即使是丝袜也好；第三，空调开机1~3小时后，最好关一段时间，打开窗户呼吸新鲜空气，或者每隔1小时到室外活动一下。

防寒要戴帽

在寒气肆虐的冬季,不少人身上穿得挺厚实,却从不戴顶帽子,甚至把戴帽视为不必要。然而,从杜绝人体热能"跑冒滴漏"的角度上讲,这种做法是不科学的。

在冬季,人们的头部和整个身体的热平衡有密切的关系,在0℃以下时,如果只是穿得很暖而不戴帽子,其体热就会如水桶穿孔一样,迅速地从头部散去,这种散热的比重是相当大的。据测定,在环境气温为15℃时,处于静止状况下,不戴帽子的人,从头部散失的热量占人体总产热的1/3;4℃时为1/2;–15℃时为3/4。由此可见,冬天在室外,戴一顶帽子,即使是一顶较单薄的帽子,其防寒作用也是十分明显的。

戴帽子的注意事项

(1)帽子的大小,要同自己的头部相称。帽子太小,戴在头上过紧,不舒服,影响头部血液循环。帽子过大,不保暖,又容易脱落。一般选择帽子时,应考虑到头围的大小、头发所占的体积以及帽子洗刷后的缩水变化。青少年正处于发育时期,帽子选用时宜稍宽大些;老年人选帽子应注重实用;冬帽宜选用柔软舒适、轻便保暖的;夏天则选用轻巧、通风、色淡的。

(2)要保持干净,不要久戴不洗。人的头皮富有皮脂腺,尤其是青壮年人,皮脂分泌旺盛,加上出汗灰尘黏附,可使帽檐内或衬里油腻污秽,有臭味,这是嗜脂性的腐生真菌的良好繁殖环境。这种不洁的帽子戴在头上,很容易因与头皮摩擦引起毛囊炎。而且,汗液挥发后具有腐蚀性,易使帽子变脆、褪色和损坏。所以,帽子戴一段时间后,就应用温热的肥皂水及软刷洗刷,最后再用温水或热水漂洗干净。为了便于清洗,也可在帽子内垫一块薄棉布块,这样经常洗换就方便了。但是,决不可用不吸水、不透气的塑料布做衬里,因为

这是不利于头部保健的。

（3）不要随意脱帽。冬天戴帽子时，应注意不可随意脱帽。例如长跑出汗后，或刚进温度较高的室内，如果随便将帽子摘掉，很容易因身体热量迅速从头部扩散，而导致伤风感冒。

（4）头部疾病者的注意。患有头部疾病（黄癣）的人，因为怕别人看到了不雅，常常会一年四季都戴上一顶帽子，把患病的头部盖得严严实实的。其实，这是很不科学的。一是这样做，使头部长期缺少日光照射，不能使日光中紫外线发挥对头皮癣菌的杀伤、抑制作用；二是不能使头部空气流通，反而会给病菌的滋生创造了有利条件，不利于头痛的康复。

（5）不要当坐垫。帽子是戴在头上的保暖、保健用品，不可作为他用。有的人随便拿帽子有时当坐垫，有时当擦布拂灰尘，然后又立即戴在头上，这是很不卫生的。

（6）避免头发未干就戴帽。从浴室出来或理完发之后，不少人往往不等头发干透，就将帽子戴在头上，意在防止风吹伤风感冒。其实，这样做是不当的。中医学认为，头是人体阳气会聚的地方，脑为髓海，是发挥才智的部位，故有"诸阳之会""精阳之府"之称。它容不得"邪气"入侵，尤其不能容"湿邪"侵犯。由于湿为"阴邪"，最易伤人阳气，凝滞血脉。湿邪上侵头目，每致昏蒙沉重，精神不振。头湿未干，若即戴帽子，则湿邪无所散发，次数多了，便会产生上述症状。所以，头湿时不要急于戴帽子，待头发干后，再戴帽子为宜，以免"湿邪"之害。

变色眼镜的佩戴选择

（1）高度近视的人（近视600度以上者），若佩戴变色眼镜，由于视力本来就差，加上变色眼镜片，眼前如罩上一层暗色的雾纱，势必造成看东西吃力，易发生视力疲劳，因此这类人不宜戴变色眼镜。

（2）眼睛老花者，近视伴有散光，视力矫正低于1.0者，也不宜佩戴变色眼镜。因为老花镜须在明亮的光线下，才能看清东西；近视散光，

视力不好的人，视物本来就费力，加上变色镜片后，由于光线暗弱，瞳孔相应散大，造成前房角狭窄，导致房水引流不畅，时间一长，易诱发青光眼。

（3）患有白内障、青光眼等疾病的人，佩戴变色镜可能使病情加重，故不宜佩戴变色镜。

（4）阴天、傍晚、室内也不宜戴变色镜，否则会损害眼的健康，造成视力下降。

太阳镜的深浅选择

太阳镜能避免紫外线对眼睛的伤害，在太阳光下活动，戴上太阳镜是很有必要的。但是，镜片颜色应该适度，不可过深或过浅。如果镜片颜色过深，会因视物不清而影响视力；如镜片颜色过浅，紫外线仍可透过镜片伤害眼睛。因此，夏季选择太阳镜应允许15%～30%的光线穿过灰色或绿色的镜片。这样，不但可以抵御紫外线，而且视觉清晰度也最佳。

住的学问

ZHU DE XUE WEN

布置房间六要素

要布置美好舒适的房间，须要考虑到以下六要素：

（1）计划布局在先。度量好房间，按简易缩排法，确定一个比较合理与满意的方案。

（2）选择满意的家具。如果是利用现有的家具，要逐件合理安排就位。

（3）充分利用空间。适当采用活动、多功能的家具。特别要考虑给孩子提供活动空间。

（4）色彩力求和谐。房间要有一个总的色调，力求协调统一。大面积的色彩要注意与其他家具的色调统一。要创造一个安定舒适的环境，色彩决不能太花。

（5）照明合理美观。最好有整体照明、局部照明、特别照明等多种用灯，一则满足生活的需要，二则利用灯光来烘托调节室内环境气氛。

（6）陈设格调高雅。墙壁的挂装饰品要位置得当，注意每一个面的构图。房间要有留空的地方。有些地方要考虑作重点装饰。窗帘和其他织物应力求统一和谐，陈设品应精选，不要到处罗列。

新房色调配置的讲究

搬到新房，总想使住房色彩具有艺术性，在动手装修粉刷前，首先应有一个计划和设想。譬如色彩要明亮的还是幽雅的；要活泼的还是宁静的；要朴素的还是华丽的；要冷调的还是暖调的。有了设想之后，便可确定主色调，就是说房间里的大多数东西都要有这种色的成分，以达到和谐协调的色彩效果。下面介绍几种常用的色调配置方法：

1. 顶棚和墙面采用淡黄色，地面用灰黄色，家具及织物用浅木本色和浅黄色，窗帘也用桔黄色，再点缀上小面积的红色、桔黄色、茶色、乳黄色的陈设品，能造成一种明亮华贵的色彩感。如果地面换成咖啡色或枣红色，则室内色彩效果稳重，为大多数人所喜爱。

2. 红色的地面、桔黄色墙面和白色的顶棚，配黑红色的家具，红色

的织物，加上紫红色的窗帘，这是一种吉庆热烈的色彩效果。适合于新婚房间的粉刷。

3. 奶油色的顶棚，深米色的墙面，家具的颜色为浅木本色，地面为驼色，织物和窗帘用浅黄色，再点缀上少量的绿色、土红、桔黄的陈设品，可使房间形成一种温馨、清晰的色彩效果。

墙面和屋顶可采用成品彩色涂料或乙丙内墙涂料，既可用刷涂也可用滚涂的方法施工。墙面装饰除涂料外，目前市场上供应的有塑料墙纸、涂塑墙纸、无毒墙布、玻璃纤维墙布等。粘贴方便，实用性好。

窗帘既有实用价值，又可作为一种装饰品来美化房间。窗帘的种类很多，如布帘、丝绸帘、塑料帘、竹帘、金属帘等。窗帘的色彩和悬挂形式应与室内空间相协调，例如，满墙落地的长窗帘能使室内显得华丽高雅，而带有檐帘的窗帘则会给人一种亲切稳重的感觉。

卧室布置的科学性

卧室是住宅的重要组成部分。按照卧室的功能，大致可分为主要卧室、次要卧室和卧室兼起居室三种。主要卧室是供夫妇居住的房间，房间里除了布置双人床外，还可根据需要放置小孩床、书桌、书架以及衣柜、床头柜等。次要卧室是供家庭其他成员居住的房间。在房间里除了布置单人床以及其他家具外，还应为孩子的学习创造良好的环境。卧室兼起居室，这是在较大的房间中，将房间划分成休息和活动两个范围。除布置床铺以外，还可布置沙发、餐桌、柜子等，供人们休息、团聚、会客、进餐、看电视等活动。

卧室室内布置是否合理，将直接影响房间的美观及使用上的方便。由于房间面积、空间的差异以及家具品种的不同，房间布置有较大的灵活性。在卧室布置中，如何布置床位，使室内空间得到充分利用，这是卧室布置的关键。床位布置，应注意人体的活动尺度，满足人们在居住、休息等方面的要求。一般可采取以下两种形式：一是靠内墙布置，单侧上床，这种形式占地经济，空间利用较好，适合于小卧室布置；另一种是中间放置，两侧上床，这种形式上下床较方便，但占地较大，适合于面积较大的卧室。

若家庭的居住面积不大，可以改进床的结构，提高卧室的利用率，是非常重要的。可以在双人床的部位设

吊柜和书架隔断，以充分利用上部空间；在吊柜中存放衣物杂品，还能节省一个床头柜。床位下部是一个很大的空间，人们习惯于堆放鞋子、杂物，如能在下部设几个抽屉，既解决了贮存问题，又能使室内整齐、干净。

注重工艺品点缀的科学性

布置房间时，适当地放上一些工艺品，会起到美化室内环境的作用。但是，究竟选用哪些工艺品更经济实惠，更能取得装饰效果呢？这里面也有科学性。

用于点缀室内环境的工艺品可分为两类。一类是实用性的，如各式灯具、茶具，手工编织的台布、提包、靠垫和草毯等。另一类是欣赏性的，如字画、雕塑、挂毯、民间泥塑、剪纸等。

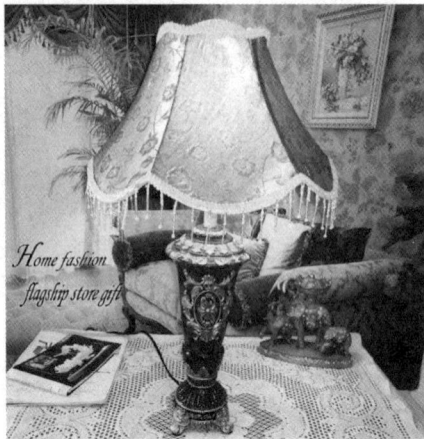

Home fashion
flagship store gift

家庭选购工艺品时，应首先考虑房间的结构和装修的风格特点，以及家具的格调，使它与整个室内环境和谐一致。如单元楼和现代家具一般线条简洁、形体方整，选购的工艺品最好是形象较为简练、抽象的几何形体，比如选择一只以方与圆结合的台灯，表面装饰十分简单，而使用的材料现代感较强。墙面可选择一块色彩明快、有几何图形的挂毯等。如果是传统的住房或传统的家具，可点缀一些富有传统色彩的工艺品，像精致的摹刻、仿古器物、裱轴字面等。

室内工艺品的陈设宜少而精，使它起到画龙点睛的作用。从室内布置的艺术性来看：点缀工艺品可以谐调色彩、填补空间，使室内具有某种情调。倘若室内某一角的色彩感到单调、沉闷，可点缀一件色彩鲜艳的器物，使这部分空间活跃起来。悬挂于墙面的工艺品，要斟酌墙面的空间大小与贴墙家具在立面构图上的均衡关系，使其有个高低错落的变化。

现代室内陈设中的家具一般都不太高，而是向水平方向舒展，为了减弱这些家具方正、平直的单调感，常常在柜面桌面上点缀工艺品，使室内显得宁静而雅致。一般家庭常常在这类家具上堆满了物品，显得很凌乱，影响室内的美观。在组合柜、书柜里面，一般宜陈列有价值、精美、要保持干净的工艺品。如茶具、咖啡具、塑像、古玩等。在配置时，要和书籍、录音机等器物形成大小、虚实、聚散的节奏。使柜子的立面既丰富，又有变化。有些工艺品需要陪衬才能显其精美，如石膏浮雕可用亚麻布陪衬，一幅珍贵字画宜配以铝条框或镜框等。

房间色彩搭配要注重协调

房间色调的处理要以家具为中心，使墙壁、地面、门窗的色彩与之协调，并以此形成室内色彩的基调。在此基础上，合理而艺术地配以色泽和谐的床单和床罩、沙发套或沙发巾、窗帘以及观赏品加以点缀，构成色调和谐、美观的房间。处理色调

时，可先在纸上作色调配搭的小样，以观察其效果。房间里色彩选用不当，破坏了协调，就会颜色混杂，使人厌烦。

各种色彩给人的感觉不同，产生的心理效果也不同。绿、蓝、紫等色，使人感觉安静、舒适、清新和凉爽，称为冷色；红、橙、黄等色给人以热烈、兴奋、欢畅和温暖的感觉，称为暖色。冷色有放宽、放远感，也

称远色；暖色有缩小、接近感，也称近色。色彩要素中的饱和度特性，可使人产生轻重的视觉效果。饱和度高，即深色，有重感；饱和度低，即浅色，有轻感。一般色彩光度弱的为虚色，浅色为亮色，光度强的为实色，深色为暗色；介于明暗（深浅）之间的为中间（性）色，房间常用这种色调。

色彩不仅使人产生冷暖、轻重、

远近、明暗感，而且还会引起人们的联想。柠檬黄色和嫩绿色，显得温柔、明快、恬静而富有朝气；杏黄色和橘黄色能给人以庄严、兴奋、高贵之感；大红色的朱红色象征热情、喜庆和光明；紫色和玫瑰色则具有幽婉、华贵之情；青色给人以深远、沉重之感；蓝色使你觉得平静，安逸；白色使你觉得纯洁、朴素；黑色却有压重、肃穆的感觉。

一般房间色彩应以宁静悦目的中性浅色作为基调，它能使室内气氛明朗舒展，有利于衬托家具，又能取得色调在统一协调中富有变化的艺术效果。中、老年或体弱者的房间，宜选用暖色；青年人的房间，宜用冷色；新房色彩可适当鲜明艳丽，以增喜庆气氛；人口少的家庭宜用暖色，人口多的家庭宜用冷色。

家具颜色采用较多的是红栗色或浅木本色。红栗色家具显得端庄、贵重、大方；浅木本色家具醒目、清新、幽雅，富有活力。房间色彩布置以家具为中心，墙面一般不宜选用鲜艳的色彩，而宜采用淡雅之色，如苹果绿、粉绿、湖蓝等色。若选用黄灰色或浅灰色，可增加房间的"纵深"感。阳光充足的房间宜选用中性偏冷的色彩，如绿灰色、湖绿色，浅蓝灰色、绿偏黄色等；光线较暗的房间宜

选用偏暖色，如奶黄、米黄、浅紫罗兰色、浅褐等色，以增加房间亮度。地面色彩宜与家具协调而又不太接近，以免影响家具的立体感的线条感。家具是红栗色的，地面宜用黄棕色；家具是浅木本色的，地面以红棕色为佳。

窗帘、门帘、沙发罩、台布、画镜线、窗帘盒等色彩的选配也应考虑到室内的基本色调，一般以温暖、柔和、恬静的中性色为宜，以求得整个色调的和谐统一。

减少辐射热的办法

夏季室内降温，除了靠通风换气外，还有一条，就是减少住宅的辐射热。减少辐射热的途径有两个：一是遮阳，二是隔热。

遮阳是减少辐射热的有效措施，在最炎热的时候，若能采取遮阳措施，室内温度可降低$4.5 \sim 5$℃左右。具体做法是在室外设置遮阳板、遮阳架、布篷、竹帘、苇帘等，来遮挡阳光。隔热是减少辐射热的另一种措施。可通过降低外墙体和屋面的导热性能，来减少太阳能对建筑物内部的影响。例如采取加厚东西墙的厚度、砌筑空斗墙或加厚内墙的抹灰层，以

增加墙体的隔热性能。屋面可采用双层通风瓦；平屋顶可加铺一层阶砖或做成架空屋面。也可在混凝土平屋顶上铺上一层薄土，种植草皮。这些都是较好的隔热措施。此外，建筑物表面的颜色与室内温度也有一定关系，白色或浅色的墙面要比清水砖墙的吸热量低30%，因此可采取在外墙面刷白的办法来降低建筑物表面的吸热量。再如住宅四周的绿化也能影响室内温度，在建筑物的周围种一些高大的阔叶树，或在东西墙面上种植爬藤类植物，这些是减少辐射热的有效措施。

除碱可防止油漆咬色

水泥地面上涂刷的油漆层常常会咬色、失光和剥落，这主要是由于油漆层被水泥砂浆中的碱侵蚀所致。水泥的pH为8～14，呈强碱性，而油漆中大都含有酸性物质。涂刷后，这些酸性物质与碱会发生中和作用，从而使漆膜出现粉化、失光和脱落等现象。为了防止这种现象的发生，在涂刷油漆前必须对水泥地面作适当处理。

1. 除碱。水泥地面上的碱性物质，在初期析出量最大。夏季抹面后半月时间，能析出水泥全部含碱量的

50%。因此新做的水泥地面不必急于涂刷，否则效果极差。一般应在半年后施工较好。如要在较短时间内涂刷，可采用中和法或用清水一干一湿除去析出的碱。中和法是用15～20%浓度的硫酸锌或氯化锌，或10～20%的稀盐酸溶液，在水泥表面上涂一遍，以中和碱性物质，半小时后再用清水冲净。一干一湿清水冲洗是利用水泥地面中的碱受潮会逐渐从里层向外析出，受潮沾水的次数越多，析碱过程进行得越快。因此，只要循环反复，如夏季每2～3天1次，1～2个月后即可除去大部分的碱。

2. 填嵌血料腻子。刮嵌腻子可使油漆层与水泥地面粘接牢固，并使基层表面光滑，腻子还可把油漆层与地面隔离开来，使地面残剩的碱质再分析时不致直接触及油漆层。因此，在地面除碱干燥后，可以满刮两遍大白血料腻子。如用乳胶和滑石粉调成腻子填嵌则效果更好。

水泥地面经上述两法处理后，再涂刷油漆，一般就不会咬色、失光和剥落了。

墙面瓷砖的铺设方法

楼的卫生间、厨房间都是水泥抹

面，极易积累油迹污垢，而且很难除去。怎么办呢？办法是在搬进新房子前，在厨房的灶台、墙面，卫生间的墙面、地面铺设瓷砖、马赛克或做成磨石子表面。这样既有美化住室的作用，又便于搞好卫生。

瓷砖贴面：多用于墙面、灶台面。一般贴成墙裙，高度为1.2~1.4米。瓷砖排列有直缝式、骑马缝式和直缝与骑马缝相结合等多种形式。骑马缝式需适当选购些半砖。

施工方法是清除掉原墙面上的灰尘以后，洒水湿润，用1:3水泥砂浆粉两遍（水泥1份，黄沙3份），厚度15~20毫米，刮平整后，再用铁皮将其表面划毛。要求阴阳角、墙角垂直，四角方正，并在需铺贴瓷砖的部位沿基线弹（划）出垂直线和水平线，作为铺贴标记，以防歪斜。瓷砖在铺贴前应浸入水中1~2小时，取出晾干后才可使用，以增加贴结力。铺贴瓷砖时应自下而上逐批进行，若已划毛的墙面干燥了，应洒些水。第一批瓷砖直接座在木条上，铺嵌时瓷砖背面刮一层水泥纸筋浆（水泥2份，纸筋石灰1份），用力压贴于墙面，并用铲刀柄敲击瓷砖，使之紧密接合。瓷砖边挤出的灰浆应及时刮除，并需随时检查瓷砖铺贴是否平整，铺贴二、三批时，应注意使纵横缝平直对齐，左右对称。缝隙宽度以1.0~1.5毫米为宜，过大不雅观，过小难粘牢。瓷砖铺好后，应将表面的灰浆揩净。未干燥前不要用手去揿动瓷砖，以免影响牢度。

马赛克铺贴：马赛克是瓷砖新品种，它是预先粘贴在一张牛皮纸上，成张出售的。有纸的一面为正面，看得见瓷面的为底面。铺贴时，用水泥、黄沙、纸筋石灰调和做胶结物，瓷面朝下与胶结物固定，然后用温水将牛皮纸润湿后撕下，露出马赛克的正面，并拿薄钢片将马赛克铺排整齐。马赛克品种较多，有正方形、六角形、拼花形、嵌花形等，一般常用于浴缸底部、卫生间地面等，它有耐磨、耐酸、美观、坚固等优点。

行的学问

XING DE XUE WEN

旅游保健要领

（1）巧着行装。衣服以宽舒为宜，注意根据气候变化适时增减。旅行时不宜穿新鞋、皮鞋和高跟鞋，在强烈阳光和雪光环境中应配戴太阳镜。行李宁背勿提，以减少手臂肌肉过分疲劳。

（2）勤洗脚。每到住宿地，应用热水泡脚，这样既能减轻步行疲劳，又能防止脚底起泡。

（3）慎饮食。旅游时自带食品，应当天制作或当天购买，切忌放

得过久，以防吃了变质的食品引起食物中毒。饮食以刚饱为止，出汗多时可在菜汤中多加点盐。根据小便量掌握饮水量，要使每天的小便量和平日一样多。

（4）防晕车。乘坐车、船、飞机发生眩晕症时，想靠食物来减轻晕车、呕吐是错误的，晕车的人旅行前宜照样进行饮食，旅行时将腰带勒紧一些并保持愉快的情绪，多注意远方目标。在乘坐交通工具前可服50毫克（1片）乘晕宁。

（5）防中暑。热天徒步旅行，易发生中暑。多喝水使用遮阳帽、阳

伞等有预防作用。发生头昏时应立即到荫凉处休息，可在太阳穴、人中穴处涂一些清凉油、风油精，如症状重应立即送医院治疗。

高山旅游卫生保健措施

（1）启程前应进行必要的健康检查，并认真听取医生的意见。在配带药物时，要充分估计到内、外科急诊发病的可能性，如腹痛、腹泻、心律失常、中暑、休克以及外伤、出血和骨折等情况。

（2）在旅游食品与用品的准备上，一要适当，二要卫生。天气炎热时旅游，食物不宜带得过多，以免馊坏；衣服不要带得太多，以免造成不必要的负担。鞋子宜穿宽大松软和不易滑坡的为宜。上山下山最好再备一根简易拐杖。旅游中不要乱吃乱喝。在上山前，可带足盐开水1壶（1千克），咸蛋、咸菜各2份，主食带0.5千克蛋糕或面包或花卷馒头即可。在力所能及的情况下，可带些洗净的香瓜或西瓜。为了预防肠道感染，可带些生大蒜头、鲜生姜。

（3）旅游出发前，要做些准备活动，重点活动踝关节、膝关节和髋关节，两手推拿腓肠肌和大腿肌，使之灵活舒张，以防关节肌肉发生意外；精神轻松自如，使大脑皮质的兴奋与抑制处于协调状态。行进中开始速度以每小时1～1.5千米为

宜，约30～60分钟后，逐渐增加至每小时1.5～2.5千米。上下山时，每走15～30分钟，最好休息5分钟，亦可躺卧，脚放高处，以利静脉血液回流。到达目的地后，稍事休息，即要起身活动。进食后要散步，卧床后应推拿下肢肌肉，这对消除疲劳大有好处。

骑自行车旅游的要领

骑自行车长途旅行，最好选用28英寸加重车，因旅游地段可能是山路、土路、河滩地、碎石地，自行车必须坚固稳定，以确保行车安全。如旅游地段大部分是柏油路面也可选用26英寸轻便车。车座的高低要以骑行者坐在车座上腿自然下垂，脚尖能着地为准，并有5度左右的后倾角，车把以略高于车座为宜。蹬车时，可用脚前部、脚后部轮流用力，使腿的各部肌肉轮流休息，延长耐久力。

行前要做好必要的物质准备，可携带宽松的夹克衫、半袖背心、短裤、旅游鞋、太阳帽、太阳镜、手提肩背两用背包，自行车后架上可拴系帆布袋，车把前安装小铁筐，带上食品、水果、饮料、常用药品等，还要带上自行车零件及修车工具、地

图、指北针、望远镜、雨具、手套、手电筒、火柴、蜡烛、酒精炉、固体燃料、饭盒、水杯、水果刀、勺、水壶、洗漱用具、绳索、网袋、包装纸、摄影绘图用品等。行进中要注意劳逸结合，喝水要得法，一次饮用量不宜超过300毫升。汗流浃背时切不可大量吃冷饮，以免肠胃功能紊乱及咽喉发炎。宿营后，要保证饮食质量，不要吃得过饱。

旅游避免"水中毒"

天气炎热出门旅游，瓶装矿泉水、纯净水等往往是游客们随身携带的"宝贝"。但有项研究表明，矿泉水、纯净水虽然可以缓解口渴，但不要过量饮用，过量饮用会导致人体盐分过度流失从而引发轻度"水中毒"。

据专家介绍，人们常认为"水中毒"只在意外溺水事件中出现，其实

在日常生活中也时有发生，特别是夏季旅途中，人们往往玩得忘乎所以、汗流浃背，体内钠盐等电解质流失的概率很高。如果此时大量饮用淡水而未补足盐分，水分经胃肠吸收后，又随着汗液排出体外，就会使盐分流失的情况更加严重。当血液中的盐分减少到一定程度后，人们就会出现头晕眼花、呕吐乏力和手臂、腿部肌肉疼痛等轻度"水中毒"的常见症状。

专家提醒，夏季出门旅游要避免出现"水中毒"，必须掌握好喝水技巧。

第一，要喝适量的淡盐水。在旅途中喝一些淡盐水，可以补充由于人体大量排出的汗液带走的无机盐。最简便的办法是：在500毫升饮用水里加上1克盐，并适时饮用。这样既可补充肌体需要，同时也可防电解质紊乱。

第二，喝水要次多量少。旅途中，口渴不能一次猛喝，应分多次喝，且饮用量少，以利于人体吸收。合理的方式是，喝水每次以100～150毫升为宜，间隔时间为半个小时。

第三，尽量避免喝温度过低的饮用水。旅行者最好不要喝5℃以下的饮料，而应喝10℃左右的淡盐水比较科学。

日出前到树林里锻炼失当

不少体育爱好者习惯于在每天清晨到树林里锻炼身体，认为这时树林里空气新鲜。其实，这样做是需要认真研究的。

因为夜间没有太阳照射，树木不能进行光合作用，而只能进行呼吸作用。大家知道，树木呼吸是呼出二氧化碳，吸入氧气的，经过一夜的呼吸，到第二天清晨，树林里的二氧化碳含量很高，而氧气的含量却很低。因此，在日出之前（特别是在天亮之前）到树林里锻炼身体是不当的，会吸入较多的二氧化碳，严重时会出现头晕、晕倒等。日出后，树木开始进行光合作用，吸入二氧化碳，呼出氧气，树林中的空气质量才变得越来越好。

饭后立即参加剧烈活动可致胃病

饭后，大量食物进入胃里等待消化，消化器官需要较多的血液供应。若饭后立即进行剧烈运动，大量血液就会流向四肢等运动器官，消化系统的血流量就会相对减少，其消化和吸收功能就会受到很大影响。运动时交感神经兴奋，会抑制肠胃的活动，消化液的分泌就会减少，无疑会加大胃肠消化食物的负担，时间长了就会闹胃病。还有，饭后胃内食物很多，这时剧烈运动会使胃受到很大的震动，其韧带经常受到牵拉就会导致胃下垂，改变其原来的位置。因此，饭后是不宜立即进行剧烈运动的，一般要休息0.5～1小时后，才可开始运动。

不要在雾天跑步锻炼

雾气缭绕的天气里，空气污染较重，不宜长跑锻炼。

雾是飘浮在低空的细小水珠，在其中溶解有一些地表的可溶性有害物质，如各种酸、碱、盐、胺、苯、酚等，同时还沾带着一些有害的尘埃、病原微生物及异种蛋白等。城市地表污染严重，雾中有害物质也相对较多。早晨在雾中跑步或做其他较为剧烈的运动，就会大量吸入和黏附有害物质，引起气管炎、喉炎、眼结膜炎和过敏性疾病等。

因此，在雾天不宜到室外长跑或做其他剧烈的运动，可以改在室内做徒手操、杠铃、下蹲、俯卧撑等运动。

胖人不宜进行长跑锻炼

科学家对数千名从事健身跑以达到减肥目的的肥胖者进行了研究，结果发现，胖人是不宜从事长跑锻炼的。

道理在于：由于肥胖者体重超标，导致在长跑中，长跑者的膝关节和踝关节部位将承受较大的地面支撑反作用，这种"超负荷作用"使他们的膝关节和踝关节易患各种伤疾，如膝关节肿痛、踝关节炎症性疼痛等。因此，对于肥胖者来说，减肥的最佳运动应是游泳、骑自行车、长距离散步，而不是长跑。

酒后运动害处多多

有些年轻人在饮酒后，感到精力

充沛、兴奋不已，往往喜欢立即打球、游泳或跑步等。殊不知从运动医学的角度看，酒后立即运动对身体健康是十分不利的。

这是因为：酒的主要成分是酒精（乙醇），大量饮用对人体危害很大。酒下肚很快就被肠壁吸收，2小时左右即全部进入血液中，其中除少数由尿、汗等途径排泄外，绝大部分须由肝脏给予解毒处理。此时，人体为了对付酒精的影响已自顾不暇，怎么还能动用更多的力量去从事体育活动呢？

大脑皮质对酒精极为敏感。酒后，大脑皮质出现短时间的兴奋，很快转入较长时间的抑制，如果在这种情况下勉强运动，大脑皮质强作努力，就会有损大脑功能。

酒精具有抑制心肌收缩力的作用，使每次心跳时心脏输出的血液量减少，这时如再进行运动，等于是"火上加油"，负担便格外沉重，对心脏的损害更大。

酒后，肝脏需要处理酒精，肝脏的供血量相对增加，酒精本身还会刺激胃肠道引起充血，要积聚一部分血液。假如再去运动，身体就需要动员大量血液到四肢肌肉里去，这样就会减少对肝脏、胃肠道的血液供应，既有害于肝脏对酒精的解毒功能，也

有损于胃肠道的消化功能，对健康不利。

因此，酒后立即运动，对身体不但无益，而且是有害的。

清晨深呼吸不利健康

不少人以为，清晨起来空气好，特别是花园或树林里空气清新，因此喜欢早早地到这些地方做深呼吸。殊不知，这种深呼吸是有害健康的，它会引起肺、血管、神经系统和肠胃等发生疾病。这是因为：白天，植物的光合作用大于呼吸作用；而日落后到日出前，植物主要进行呼吸作用，从环境中吸收氧气，释放二氧化碳。因此，清晨日出前，树林或花丛中积存有大量二氧化碳，这时候人到这里深呼吸，便会吸入大量二氧化碳，对身体产生不良影响。另外，人体脑、心、肾的细胞平均需要空气中7%的

二氧化碳和2%的氧，如果空气中含氧量过高，二氧化碳过少时，深呼吸也对身体有害：会使体内酸性化合物减少，碱性化合物增加，从而破坏人体正常的代谢功能，引发各种疾病。

练太极拳四不宜

（1）不宜几式并学：初学太极拳者，应根据自己的体质选择拳式。国家体委编有"简化太极拳""四十八式太极拳""八十八式太极拳"，练习时应先简后繁、循序渐进，不可几式并学。

（2）不宜在饭前饭后练拳：一般练拳后半小时才能吃饭，饭后1小时才能练拳。不然，易引起肠道疾病。另外，应注意不可忍着大小便练拳，否则精力分散，影响练拳效果。

（3）不宜在情绪激动时练拳：太极拳主张"以意行气，以气运身"。中医有"怒则气上""悲则气消""忧则气结"的说法。情绪不好时练拳，容易"憋气"或"夹气"，不但无益，反而会伤身。

（4）不宜配音乐练太极拳：太极拳是身心兼修的拳术之一，讲究练拳时意识的高度集中、呼吸的匀细深长，要求做到"心静"，以此达到健身祛病的效果，但是，如果经常用音乐来配合，就与太极拳的运动原则不相符合：①太极拳要求的是"静"，长期配乐，不利于发挥"打拳心为主"的自身内在意念。②太极拳要求动作缓慢，而长期配乐练习，就会使动作不由自主地控制在音乐的节拍之下，而打破了太极拳理论中所要求的"默识揣摩，渐至从心所欲"，必然会影响练拳效果。

赤足行走利养生

赤足行走是有利人体健康的按摩方法之一。

道理在于：刺激双脚能给大脑带来营养、改善大脑功能，从而有益健康。赤脚行走的办法是：早晚穿着袜子在室内行走15～30分钟，并逐渐延长至1小时即可。还有一种脚尖按摩法，是在国际上研究体育医学享有盛名的日本川烟爱义博士倡导的。即用脚尖轻轻落地，两脚交替有节奏地以每分钟140～180次的频率原地跑步，并全神贯注，默数次数，每次3～5分钟，有改善情绪，集中精力，增强记忆的效果。

做的学问

ZUO DE XUE WEN

服装的分类洗涤原则

洗涤剂是各种表面活性剂、助洗剂、添加剂的复配物，它必须不损伤衣服、无毒、对皮肤无刺激，生化降解性好（用过后排入下水易被分解）。服装材料各不相同，天然纤维有棉、麻、毛、丝等，化学纤维有粘胶、涤纶、腈纶、锦纶、丙纶等。天然及化学纤维各有其优缺点，因此发展了各种混纺织物，如涤—棉，涤—粘、涤—麻、毛—腈、毛—丙等。洗涤是一种润湿、渗透、乳化、分散作用的综合，由于各种纤维材料的性质有别，应选用不同的洗涤剂，如棉、

涤—棉常作内衣用，接触皮肤多，由于汗渍的影响，污染较大，这些污垢大部分为微酸性，可用碱性洗涤剂，如市场上常见的碱性洗衣粉，碱性洗涤剂等。丝、毛服装多为精细织品，含有多种活性蛋白丝束，宜用一些专用（近中性）洗涤剂。真丝织物还宜用酸性洗涤剂，或用中性洗涤剂，漂洗干净后，再在清水中加很少量白醋，以起到保护动物蛋白丝束的作用。有些化纤如腈纶易被碱性分解，也不能用碱性洗涤剂。

污垢的种类不同，对洗涤剂的要求也不同。污垢有油污（如动植物油，矿物油）、皮脂、汗渍、血渍、各种食物造成的污染以及空气中带来的粉尘、微生物等。多数污垢可

通过适当洗涤剂去除，也有些蛋白质的污渍如汗渍、血渍、肉汁、鸡蛋、牛奶、可可、咖啡等形成的污斑，不溶于水，在纤维上黏着力强，较难去除。为了解决这个问题，一般在洗涤剂中加入酶，是一种具有生物活性的有机体，可催化蛋白质水解，使之变为可溶于水的肽或氨基酸，或至少使它们具有水渗透性，使这些污渍与污垢一起分散而被洗掉。这种酶不宜长时间存放，如温度超过60℃要分解，为了使酶发挥作用，应将衣服放在冷水中先泡2小时至一夜，再按正常方法洗涤，才能发挥最好的作用。不同质地的服装应采用不同的洗涤剂，如一般材料的内衣、运动服、休闲服用一般洗涤剂即可。而高档服装，如纯毛服装，沾水后易变形，最好选用干洗剂，即用有机溶剂代替水，这种干洗剂多是疏水性溶剂配以一定的油溶性表面活性剂而成，可使汗渍脱离纤维、溶解，并与溶剂一起挥发掉或散落掉，以去除汗渍。干洗可避免衣服皱缩和损伤，也不影响染色牢度和手感外观。

高级服装局部被污染是比较麻烦的，服装的纤维材料不同，污痕种类也不同（如食用油、矿物油、油漆、沥青、油墨、鞋油、果子水、口红、墨水、铁锈等），如洗涤不当会损伤衣料或出现色调不匀，因此要根据不同衣料和污痕种类选用合适的去除剂。

可以用溶剂性去除剂、化学法去除剂（如用氯化还原剂、酸性去除剂）、酶制剂（如蛋白酶、脂肪酶等）以达到去污复原的目的。

皮革服装保养法

市场上销售的皮革种类主要是羊皮、牛皮、猪皮、马皮四种，由于它们的成分是蛋白质，所以都是容易受潮、起霉，生虫。为此，人们在穿着皮革服装时，要避免接触油污、酸性和碱性物质，当春季来临，需要收藏时要注意以下几个方面：

（1）皮革服装平时要经常穿，并经常要用细绒布揩擦。如果遇到雨淋或发生霉变，可用软干布擦去水渍或霉点，但千万不要用水和汽油涂擦，因为水能使皮革变硬，汽油能使

皮革油分挥发而干裂。

（2）皮革服装起皱，可以用电熨斗烫，温度可掌握在60℃～70℃之间，烫时要用薄棉布作衬熨布，同时要不停地移动熨斗，一般情况下，皮衣不宜多熨烫。

（3）皮革服装表面如果不慎溅上油污，应先用一块软布浸温水后拧干，在油污处反复擦拭，待数分钟水分挥发后，滴几滴氨水在油渍上面，再用干布擦除。如遇油渍较重，可先用湿布蘸中性洗涤剂在油渍上涂抹，然后揩干净将其挂通风处阴干，再在油渍的地方的上氨水擦拭，这样可反复数次，直到清洁处干净为止。值得一提的是不可用汽油、酒精来清除皮革服装上的油渍，因为汽油之类的有机溶剂将会在挥发油污的同时，也把皮革涂饰层里的蛋白质成分给挥发掉，使皮革失去光泽，影响美观。

（4）皮衣水湿或受潮以后、皮板便会变硬，穿起来不仅不暖和，还折裂，这种现象叫"毛皮走硝"。怎样才能把皮衣跑掉的硝补充进去呢？简单的方法是：用芒硝（俗称皮硝）250克，水2500克，化开制成溶液，然后把皮板朝上，平铺在桌子上先喷洒冷水，待皮板湿润后，用刷子蘸取配好的溶液，在皮板上均匀除刷，刷好后静置2～3小时，再进行第二次涂

刷。如此重复3～5次，直至溶液浸透皮板为止。晒干后，再均匀揉搓，皮板就会变得柔软富有弹性。

（5）皮革服装平时不穿时，最好用衣架挂起来，以免皮革起皱，影响美观，收藏时要晾晒一下，但不能曝晒，一般宜用风吹。

呢绒服装的保养

呢绒服装、高档毛料大衣等家庭洗涤整烫难以把握，而且用具设备不齐全，易出现问题。家庭洗涤为避免变形受损，一定要注意科学性，切不可图省事而随意处理。

呢绒服装常采用干洗，可避免缩水、变形和褪色。家庭干洗可先用干洗剂局部擦洗污迹，然后整件铺垫浸有干洗剂和水的湿毛巾，用熨斗蒸烫，使污物灰尘随干洗剂和水蒸发挥散，简便易行。但干洗只适于不太脏或局部玷污的服装。若服装整体较脏或颜色较浅，家庭干洗不易洗净，只得采用水洗，纯毛服装最好手工水洗。因机洗易损伤羊毛纤维，造成缩绒变形。

若实在要用机洗，则以低速、冷水或温水为宜。

洗涤剂品种较多，性能及去污力

也各不相同。羊毛属蛋白质纤维，不耐碱性侵蚀，因此，纯羊毛服装应用中高档洗衣粉及丝毛洗涤剂，它们均属中性或弱碱性，洗涤效果好且不损伤纤维。加酶洗衣粉对浅色沾有血渍、汁渍、奶渍的呢绒服装有极好的去污作用。

羊毛织物具有独特的缩绒性，即在水、温度、机械外力和碱性溶剂的作用下发生毡缩，尺寸减小，手感僵硬而无弹性，所以洗涤时要特别注意。洗涤前先以冷水浸泡，时间不宜太长，根据服装的色泽、脏净、厚薄分别掌握在10～30分钟，洗涤温度宜在40℃以下，过高则使弹性下降并严重褪色。洗涤时，应采用大把揉洗或顺纹刷洗，用力不宜过猛，时间不宜过长，以防纤维纠缠绞合而发生缩绒。

洗涤华达呢、凡立丁等精纺纹面服装时，先在含有洗涤剂液中浸泡，用手搓洗；同一部位，一次搓洗次数不可过多，轻洗轻搓，以免

缩绒变形，使纺织品表面发毛而纹路不清。精纺呢面服装可刷洗，不可用力过大，否则破坏表面短绒，造成露底。

清洗时可用温水，水量要多，大把轻揉。若清洗一次，甩干一次则便于更好地清除衣服中的洗涤剂。为中和残留在衣料中的碱液，可将洗净的呢绒服装放入含有弱酸的冷水内浸泡投洗2～3分钟，"过酸"后要用清水投洗1～2次，这样既能起到保护作用，又可改善衣服的光泽。

洗涤后不要拧绞，用手挤除水分后沥干，用衣架挂在通风处晾干，切忌强光曝晒，防止面料弹性和强力下降，晾至半干，进行一次整形，轻轻拉伸拍打，便于熨烫。

丝绸服装的保养

选购真丝服装时，应比一般衣长长1～2厘米，宜大不宜小。穿着时不宜在席子、木板等粗糙物上摩擦，以免发生挑丝，损坏衣服。

真丝面料的服装，洗涤时易败色，所以洗涤时间要短、快。有的人将买回家的真丝服装长时间浸泡在水里，想让它一次就缩定，这是错误的做法。因为真丝面料的色牢度较差，

浸泡时间一长更易褪色。所以，不管是平时洗涤还是第一次缩水，下水时间最多不要超过5分钟。

由于真丝面料较娇贵，洗涤时，要讲究方法：将丝绸服装浸在清水中，约5分钟后，将清水倒掉，放入丝绸洗涤剂，调和后放入服装轻揉，轻洗，轻漂，直至清水过净，拎起（不要绞干），挂在塑料衣架上，把领头、左右肩及门襟拉齐，在透风处晾干，切忌在阳光下曝晒，以免褪色。

真丝衬衫穿着应熨烫，熨斗温度不宜过高，衣服上用衬布垫上，熨斗不直接接触服装，这样既可使衣服挺括柔和，又能保持色泽不变。

羽绒服装的洗涤

轻盈柔软、保暖性强的羽绒服装面料一般是尼龙或涤棉，填料有鸭绒、羊绒等，也有采用腈纶棉或中空纤维的。

羽绒服装应尽量少洗涤，一般情况下每隔2～3年洗涤一次即可。洗涤这类衣服时有四忌：一忌碱性物；二忌用洗衣机搅动或用手揉搓；三忌拧绞；四忌明火烘烤。一般可根据衣服脏的程度采取以下的洗涤方法：

1. 如果羽绒衣不太脏，尽量不要采用水洗。只要用毛巾蘸汽油在领口、袖口、前襟等处轻轻揩拭，去除油污后，用干毛巾在沾有汽油处重新揩拭，待汽油挥发干净后即可穿用。

2. 如果羽绒衣比较脏，要采用整体水洗的方法。其洗涤步骤为：

（1）先将羽绒衣放入冷水中浸泡。

（2）每件羽绒衣用2汤匙左右的中性洗衣粉，倒入水温为20℃～30℃的清水中搅匀。

（3）将已在冷水中浸泡了20分钟的羽绒衣服取出，平压挤去水分（不可拧绞），放入上述洗涤液中，浸泡5～10分钟。

松柔软。

如果填料是蒲绒、丝棉之类，则不宜采用上述水洗法，只能采用干洗。如果衣服上只是少数或个别地方沾上油渍，也可在临睡前以少量面粉调制成糊状，用冷水冲调后涂在油渍上。第二天早上用刷子蘸清水刷去粉末，油渍便可除去。

科学去除衣服霉迹

衣服上有了霉点、霉斑之后，要根据衣服纤维的性质，采取不同方法除去。

呢绒织物上的霉迹，须先将其挂在阴凉通风处晾干，再用棉花蘸些汽油在霉迹处反复擦拭。汽油用量不可太多，要从周围向中心擦拭，用力不可太猛，以免损伤衣料。

丝绸织物上的霉迹，轻微者一般用软刷就可刷去。由于霉菌有沾黏性，须将衣服晾干后再刷，并且不能用潮湿的刷子。霉迹较重的，可将衣服平铺在桌上，用喷雾器将稀氨水喷洒在霉斑上，过几分钟，霉斑即会自行消失。白色丝绸织物宜用50%酒精擦洗。

化纤织品如涤纶、锦纶、腈纶、氯纶、丙纶等织品上有了霉斑，较轻

（4）将衣服从洗涤液中取出，平铺于干净台板上，用软毛刷蘸取洗涤液轻轻洗刷。洗刷时，先刷里，后刷面，最后刷两个袖子的正反面（即越是脏的地方越要放在后面刷），特别脏的地方可撒上少量洗衣粉刷几下。

（5）刷洗干净后，将衣服放在原洗涤液内上下拎涮几下，在30℃左右的温水中漂洗2次后，再放入清水中漂洗3次，以彻底除去洗涤剂残液。漂洗时切忌揉搓，以免羽绒堆拢。

（6）将漂洗干净的衣服用干浴巾包卷后轻轻挤吸出水分，然后放在阳光下晒，或者挂于通风处晾干均可。晾晒时应勤加翻动，使其充分干透。晾晒干透后，用光滑的小木棍轻轻拍打衣服反面，即可使羽绒恢复蓬

者可用酒精、松节油或5%氨水擦拭除去。陈旧的霉迹，可涂上氨水，过一会儿，再涂高锰酸钾溶液，最后用亚硫酸氢钠溶液处理和水洗。也可先用溶解了肥皂的酒精擦洗，再用5%小苏打水、9%双氧水擦洗，然后用清水洗净。

棉织品上的霉迹，可先将衣服在日光下晾晒，干后用毛刷刷去。亦可用冬瓜、绿豆芽擦除。白色棉织品可在10%漂白粉液中浸泡1小时后擦除。

衣服油脂类污渍的去除

衣服上的油脂类污渍，主要来自动物油和植物油。油脂的主要成分是多种脂肪酸的甘油三酯，由于它不溶于水，故很难用水洗去，使用普通肥皂等洗涤剂洗，也较费事。因此，衣服上的油脂类污渍，最好是利用油脂受热后能蒸发以及能溶解于有机溶剂的特性来加以除去。

1. 用吸水纸除渍。将沾上油脂类污渍的衣服正反面都覆盖上吸水纸（如卫生纸，吸墨纸），然后用熨斗烫，并不断更换纸张，油脂遇热就会融化，并被吸水纸所吸收而除去。

2. 用有机溶剂除渍。油脂能溶解于汽油、松节油、丙酮、氯仿、苯、乙醚和四氯化碳等溶剂中，去渍时在衣服下面垫上几层吸水纸，然后用蘸满上述任何一种溶剂的棉花球，在油渍上揩擦，再用洗涤剂或热水漂洗干净。揩擦时需注意，一定要从油渍边缘向中间揩，以免污迹扩大。而且，动作要轻巧，棉球要经常更换。

毛毯的洗涤方法

毛毯经常洗涤会影响外观和手感，因此，在使用时最好要加被套，以减少洗涤次数。

如果毛毯确已用脏，可用下述方法洗涤：在洗衣盆中用中性皂片或高级洗衣粉化成温度与室温相近的淡皂液，待毛毯在清水中泡透后，轻轻投洗，然后再放进皂液中，像揉面那样轻轻揉压。洗净后再用清水投洗几次，直至将皂液投洗干净。如果是纯毛毛毯，在最后一次投洗时可放入50

克左右的白醋，这样可使洗后的毛毯鲜艳如初。投净后，将毛毯卷起，轻轻挤压，排出水分，再用毛刷将绒毛刷整齐，刷完后整形，也就是将毛毯四边弄齐，恢复方正。晾晒时要用两根以上的晾衣绳（最好是用竹竿）将毛毯搭成篷状，慢慢地晾干。晾干后再用毛刷刷一遍，以恢复毛毯的外观和手感。

洗涤时要特别注意以下几点：

（1）不要用热水和碱性大的洗涤剂，这样会使毛毯褪色或脆化；

（2）洗涤时不要用搓板，也不要用手拧绞，这样会损伤毛毯的纺织结构，造成脱毛和绒毛结团；

（3）晾晒时千万不要用单根绳子将毛毯搭上了事，这样会使毛毯变形，并出现折痕；

（4）宜于阴凉通风处慢慢风干，不要直接放在阳光下曝晒。

下面两种简便的科学洗涤地毯的方法，不妨一试。

第一法：取600克面粉，100克精盐和100克滑石粉，用水调和后，加入30毫升的白酒。先将上述混合物加热，调成糊状物。冷却后，把糊状物切成碎块撒在地毯里，然后用干毛刷和绒布刷拭。

第二法：取极细的食盐末撒在地毯上，用笤帚在上面扫。笤帚应先浸在肥皂水中煮一下。食盐能吸附灰尘，使地毯具有光泽。灰尘很多的地毯，应用浸湿的笤帚先扫1～2遍后再撒食盐。注意笤帚在扫的时候应不时放在水里浸洗一下。

地毯上如果有不牢固的绒毛脱落，可用稀薄的水胶（木工胶），从反面把它们粘住，避免进一步脱毛。

慎重对待衣服烫黄和有折痕

由于熨斗温度过高，常常会使熨烫的衣服发黄变色，粘结发硬，影响外观和牢度。尤其是一些化纤织品，因耐热性差，一遇高温就会破损。因此熨烫时必须根据各种纤维的热性能，掌握好适宜的熨烫温度和熨烫方法。

常用化纤织品的熨烫温度是：粘纤，$120℃ ～ 160℃$；涤纶织品，$140℃ ～ 160℃$；锦纶织品，$110℃ ～ 120℃$；腈纶织品，$130℃ ～ 140℃$；维纶织品，$120℃ ～ 130℃$；丙纶织品$100℃$以下；氯纶织品，不宜熨烫。如若不慎将衣服烫黄，轻者可用牙刷蘸冷水轻轻刷洗，然后拿到太阳下晒，可减轻黄渍。黄渍严重的毛料或布料衣服在用牙刷刷洗后，再用锅炉热气熏蒸一下，可使黄渍减轻，或褪尽。棉织品亦可撒些细盐，轻轻揉搓，黄渍可减退。如系丝绸织物，可用少许苏打粉，调成稀糊，涂在焦痕处，待水分干后，焦痕便会消失。

衣服长期折叠受重压，就会留下折痕，尤其是合成纤维织品，由于大多是热塑性材料，其皱褶往往比棉、麻、丝、毛织品更明显，因此，在存放时，衣服要放平，且不宜重压。如果有了折痕，可在折痕处涂上醋，再用适宜的温度烫一下，一般均可除去。

不要用染鞋水对新皮鞋染色

皮鞋穿久了以后，表面会产生磨损、褪色。科学的处理方法之一是擦些相应颜色的鞋油。另外，还可以使用一些染鞋水，市场上有棕色、黑色染鞋水可供选购。它是由高分子化合物（虫胶片）、醇溶性染料以及甲醇、乙醇制成的，可以把褪色皮鞋染新，在革面上留下一层色膜，使褪了色的皮鞋增色。也可以从化工原料商店购买一瓶与皮鞋颜色相同的揩光浆，用比揩光浆多一倍到一倍半的水稀释，然后用刷子涂在皮鞋面上，涂刷之前，要先用肥皂水或氨水除掉

鞋面上的油脂，刷匀以后涂一层固定剂，等干了以后，再擦上鞋油，这样就能恢复原有的颜色和光泽。

但是要注意，不要用染鞋水对新皮鞋染色。因为染鞋水只能对已经褪了色的皮鞋产生补救作用，它不断渗入皮革内部发生化学着色。旧鞋革面粗糙，用它染色比较牢固；新鞋革面光亮，用它染色则容易脱落。

如果皮鞋鞋面起泡、返硝，可以用黄米面50克、皮硝10克、盐2.5克混合后，加水搅拌成乳状，涂在返硝的地方进行揉擦，就可以使皮鞋恢复原状。

为了防止鞋面掉色，可用40%～50%的甲醛10份和水1份配制成固定剂，涂在皮鞋面上。

皮鞋贮放要注意干燥和防潮

皮鞋穿久了，容易开裂，一经开裂，就不耐穿。因为皮鞋既不能过分干燥，也不能受潮。过分干燥就容易折裂；受了潮就容易变形、发霉，穿着就不牢固了。所以，皮鞋在贮放中要防止过分干燥和受潮。为此，应注意以下几点：

1. 不要把皮鞋当雨鞋穿。皮鞋着雨或遇水后，首先应将表面的泥沙

刷干净。放入鞋楦，以防皮鞋面变软走样，然后放在通风处晾干，不能放在烈日下曝晒，更不能用火烤，阴干以后再仔细地涂上鞋油。

2. 鞋面上沾上泥土要及时刷干净，不能用水冲洗，更不能用肥皂水洗皮鞋。皮鞋表面若沾上碱性物质，应先用湿的软布擦拭干净后，再沾点醋（可稀释一些水）轻轻擦洗，然后再用干净湿布擦净，晾干后涂上鞋油。

3. 皮鞋穿着两个星期，就要擦一次油，以保持鞋面柔软耐穿，增加皮鞋的防水性。擦油时，每次不宜过多，上油以后须等其阴干后再用软布擦亮。皮鞋鞋面若发生干裂现象，可用石蜡填在缝里，用熨斗烫烊，使之渗入裂缝内部。

4. 皮鞋在穿着过程中，会受到人体汗液的侵蚀，因此晚上脱下皮鞋，最好放在通风处使它干燥。这样不但次日穿起来舒适，而且对皮鞋的保养也有好处，尤其是热天出汗较多，汗中有机物、盐分比较多，微生物容易在鞋里繁殖，最好经常用布擦净鞋的内部，使其保持清洁干燥，鞋垫要勤换常洗。鞋上发霉，可用刷子刷掉霉渍，再涂上同样颜色的揩光浆，就可以恢复原来的样子了。

5. 皮鞋一旦不穿需要存放起来时，应用软布把鞋擦干净，除去污垢，再涂上些防霉鞋油，然后存放在干燥阴凉处。切勿放在高温，潮湿的地方，以防干裂、生霉。

银饰品发黑的消除

银饰品锃亮可爱，但也很易受污染发黑，影响美观。消除银饰品发黑要讲究科学。

银饰品如果是染上一般的污垢，只要在饰物表面挤上一点牙膏，放在清水内，用小刷子慢慢洗刷即可除去。倘若是空气中的二氧化硫使银饰品表面生成硫化银，造成饰品失光发黑，这就需要采取氧化还原的方法来消除：

1. 用洗照片的定影剂（大苏打）加适量水调成溶液，然后把发黑的银饰品浸在里面。因大苏打可使硫化银还原成银，这样就把黑色除去了。

2．把发黑的银饰品和铝片紧缚在一起，浸在小苏打水溶液内，也可除去黑色。因为铝和银有不同的电位差，一旦遇到小苏打这类碱性溶液（这是一种能够导电的溶液），铝片就成了阳极，发生氧化反应；而银饰品是阴极，发生还原反应，这样铝和银之间产生了微弱的电流，使硫化银还原为银，黑色因此被除去了。

巧妙清洁镀金制品

目前，国内市场出售的戒指、耳环及某些首饰、用品。纯金制作的很少，大多为镀金品。这些镀金制品年长日久以后，由于氧化作用和沾染污物，会失去光泽。这时，该怎样去除这些污物而又不损伤到制品呢？

首先，任何镀金或金制品都可用棉花团稍蘸酒精（浓度高的粮食烧酒也可以）轻轻拭亮。

其次，鸡蛋的蛋清是镀金物品良好的清洁剂。取一小块法兰绒或其他质地细腻的绒布沾蛋清涂在镀金制品上细细拭擦，即可光亮如新。如果物品表面已发暗，则可用蛋清（2～3只蛋的蛋清）和漂白粉（1汤匙）的混合液来拭清。

对于纯金的贵重金器，可用特制"金器清洁剂"：食盐2克、小苏打7克，漂白粉8克，清水60毫升左右配制而成。先把金器放在一只瓷碗中，倒入清洁液，两小时后，将金器取出，用清水（最好不是硬水）漂洗，埋在木屑中干燥，然后用软布擦亮即可。

有毒塑料袋简便鉴别法

塑料袋是用塑料薄膜制成的，用它盛装食品或其他日用品，非常方便。但塑料膜有两类，一类是用聚乙烯、聚丙烯和密胺等原料制成的，无毒；另一类是用聚氯乙烯制成的，有毒，如用它包装食品，就有中毒的危险。

鉴别塑料袋是否有毒，有三种简便方法：一是把塑料袋置于水中，并按入水底，浮出水面的无毒，沉在水里不浮起的有毒。二是用手触摸塑料

袋，有润滑感的为无毒，有发粘感的为有毒。三是抓住塑料袋用力抖一下，声音清脆的无毒，反之即是有毒。

涂饰污染的厨房内墙的方法

厨房内墙由于受到煤烟、水汽和油类的蒸熏、污染，特别容易发黄变黑，既影响整个住宅的美观，又不卫生。如果想在已经污染的厨房墙面上直接用石灰水或油漆来涂刷粉饰，则往往是徒劳的。正确的方法，应该是先铲除污染层，然后再进行涂饰。

1. 如果原来的内墙面层是石灰刷的，应先将浮面的油腻层用铲刀铲去，将灰尘掸净后，涂刷一次猪血水泥浆。待干燥后，在有裂缝或高低不平处填嵌补平，再涂刷石灰浆水3

次，干后即洁白如新。猪血水泥浆的配比是：熟猪血1千克，水泥5千克，水3～4千克。最好选择晴天施工，因为阴雨天施工容易泛黄。如涂刷猪血水泥浆后仍有部分发黄处，可再涂一次。为提高石灰水的粘结力，化石灰时可加入少量明矾。

2. 如果原来是油漆墙面，因油漆时间长了，浮面有油烟污腻，应先将油腻层全部铲去，用老碱水擦一次，待15～20分钟，用温水揩洗3～4次，将碱水揩净。如有裂缝或高低不平应填嵌补平，干燥后用木砂纸砂平，再涂刷猪血一次，即可涂刷油漆。油漆宜涂刷两次，一般可选用白、奶黄、天蓝等调和漆。老碱水的配比是：老碱1千克，生石灰20～30克，水1千克。

防止看电视眼疲劳

收看电视时间长了以后眼睛会感到疲劳，这是众所周知的。造成眼睛疲劳的原因大致有以下几方面：

1．电视机安放的高度超过眼睛的水平视线，长时间的仰头观看，容易造成颈部酸痛、眼睛疲劳。应将电视机安放得低些，使荧光屏面的中心同眼睛视线保持水平的位置，或略为低些就会改善。

2．收看距离太近或太远都容易使眼睛疲劳。距离太近，不仅图像失真、闪烁感，而且还看得见图像画面变换瞬间的残影。距离太远，则图像屏面相对缩小，画面细微处模糊不清，势必增加"眼压"，精力高度集中，怎不感到疲劳呢？所以收看距离应适中，一般16英寸以上电视机的收看距离不应小于1米。远距离则以感到看得清、不吃力为原则。

3．环境光线太强或电视机图像太亮也容易使眼睛疲劳。环境光线太强，一般是指头顶、背后的灯光太亮，即使图像变淡、层次模糊，失去立体感，而且屏幕表面有反光或眩光，使图像失真。"彩电"的色饱和度、色调旋钮开得太大，同样产生大红、大绿，失去真实感。色彩鲜艳、柔和、悦目的视感会被破坏掉，尤其当亮度钮开得过大时，过分明亮的大红、大黄色彩更容易使眼睛疲劳。

为此，收看电视要讲究科学，应适当控制荧光屏图像的亮度、对比度和色彩的色饱和度；还应适当控制环境的光线亮度，也要避免白天收看电视时的侧面光和对面光。当然，使室内漆黑一团收看电视也不适宜，同样会使眼睛感到不舒服。

清除电视机积尘的方法

电视机使用久后，机内就会积上一层灰尘，这些机内灰尘积累多了对电视机是有害的，它不但会影响元器件的热量散发，还会破坏元器件与电路的绝缘性能，甚至产生高压放电打火现象，使电视机损坏。因此，平时使用保养电视机时不能忽视防尘和清除积灰的工作。

定期清除灰尘的操作注意事项有如下几点：

（1）应选择在停机半小时以后进行，以防止高压部分放电不净而受电击。

（2）清除前准备一只手动鼓风器或自行车打气筒，还要一把干燥的软毛刷。

（3）清除时，小心打开电视机后盖，千万注意不要碰撞外露的显像管管颈及其尾端接线座；还应留神不要将机上拉杆天线的机内连接线拉断。

（4）用手动鼓风器或自行车打气筒把灰尘吹出来；尘垢积累较多的地方，可用软毛刷轻轻刷净再吹出来。

（5）要尽量避免移动机内引线，也不要拨动机内元器件；尤其是显像管背部和颈尾部更应小心，只可吹风，不宜接触。

（6）清除机内外灰尘切忌用湿布擦洗。

灰尘清扫干净后，后盖按原位装好即可。

彩电不要常换位置

地球是一个大磁场。地磁场与物体周围的杂散磁场相互作用的结果，对家庭各点的磁场方位和强度都会有一定的影响。彩色电视机放置在一个地方后，显像管内的钢制荫罩就会被这些磁场磁化，使光栅混色，色纯度受影响。为了消除地磁和杂散磁场的影响，彩电内部设有自动消磁电路。每次开机后消磁线圈有较强的交变电流通过，进而产生较强的交变磁，对钢制荫罩进行消磁。然而，每当彩电变换一个位置时，消磁电路就要用每次开机消磁时间的积累来消除地磁和杂散磁场的影响，而且要用较长的时间才能完全消磁。如果经常变换收看位置，使用者总会觉得彩电一直出现混合光栅，呈现色纯度不好，常常会疑心有故障，因而反复调整，这既影响开关和旋钮的使用寿命，又影响收看。所以，彩电不要常换位置。

不要仅用遥控器关电视机

有的人在床上看电视，结束后往往仅关掉遥控器开关，懒得下床把电视机的开关关掉及把插头拔下。这样做是不当的，不仅会造成不必要的电力浪费，还会影响电视机的使用寿命。

这是因为用遥控器部分关掉电视机后，虽然电视机的音像都已消失，然而遥控器部分仍在工作。据测定，20英寸的遥控彩电，在用遥控器关闭电视机后，此时遥控部分的耗电仍达15瓦左右。因此，在使用遥控器关闭电视机之后，还须关掉电视机上的开关及拔掉电源，以彻底切断电源。

解密电冰箱半边霜

电冰箱的蒸发器半边结霜，半边不结霜有两种可能性：冬季气温低，如温度控制器旋钮调在箱温较高的位置，就可能发生半边霜的情况，只要将温控旋钮调至中间位置。霜就能结全，另一种是温度控制器的感应管未固定好而脱落，在重新安装时如与蒸发器贴得太紧也会造成只结半边霜。这是由于使用不当所引起的所谓故障。

另外有一种可能情况，某些电冰箱顶部用超细玻璃棉（形状和颜色似棉花）作隔热材料，使用年久后顶部隔热层会积有大量水分，这就严重地影响制冷量而造成半边霜。排除方法较简单，卸下顶部装饰板，取出玻璃棉后将水挤掉晒干，然后添加适量的玻璃棉，用塑料袋密封后安装使用，或者改用聚苯乙烯泡沫塑料作顶部隔热层，即可消除半边霜。

电冰箱耗电的应对之法

电冰箱省电与合理正确的放置、使用、保养都有着密切的联系。

1. 电冰箱应选择通风、阴凉、干燥、清洁并少振动的室内放置。避免靠近热源和太阳直晒的地方。箱后（或两侧）冷凝器应离墙10厘米以上，箱底四脚可垫高5～10厘米。以利空气对流。

2. 合理调整温度控制器，这与节电关系甚大。可根据寒暑四季节的变更和存放食品的不同，合理调整箱温。例如夏季环境温度高，一般箱内温度可适当调高一些，若以贮放清凉饮料和瓜果为主时，箱内温度可选取8℃，这样比箱温调控5℃时节电30%左右。同时也不影响短期保存食品的要求。

3. 热食品应该冷却到室内温度后才能贮入箱内；贮存的食物不宜过挤，食物间与箱壁间应留出一定空隙，以利箱内冷气对流。夏季制作冰块或量多的清凉饮料时，最好晚上放入箱内。因晚间气温较低，制冷效果

比白天好，同时开启箱门机会相对减少，这样可减少箱内冷气损失，提高制冷效率。

4. 尽量减少开门次数，并缩短开门时间，以利保持箱内温度。试验证明，每开一次箱门，以0.5～1分钟计算，就会使压缩机多运转5分钟左右。为减少开门次数，应尽量有计划地集中存取食品。

5. 为减少结霜，贮入箱内的湿态食品应加盖或封装在塑料袋内。实验表明，蒸发器霜层厚度为10毫米时，冰箱制冷量将降低30%左右。因此，当霜层厚度大于4毫米时就应及时化霜。

6. 改进有霜冰箱的化霜方法，首先将电源插头拔去，取出箱内食品集中堆放保温，然后在冷冻室内放入约80℃左右的热水盆，关闭小门，开启大门，以利加速化霜。约8分钟左右取出热水盆，随即清除霜水，用布擦拭干净，关门通电后可继续使用。这样既节电，又做了清洁工作。

7. 箱体外壳和内壁之间穿过的电线及低压管孔，可用橡皮泥堵塞其缝隙，以减少因箱外热空气渗透而增加压缩机运转的时间。

8. 有的用户为了节约用电，在不需要冷藏食品时拔掉电源插头，待需要冷冻食物时再接通电源。这方法

表面上看虽然省些电，但实际上每次接通电源都要增加制冷运行时间，同时对贮藏的食品保存也不利。

冰箱节电小窍门

（1）用一小团卫生药用棉花盖在冰箱积水盘的滴水漏斗上，阻止其冷热交流，减少滴水漏斗的"泄冷"。这样可节约用电10%左右，根据实际测试，在外界温度为35℃情况下，每月可节电2.5度，日积月累，节电可观。

（2）将温度计放在冷藏箱中间一格，放好食品后开始进行调温，最好分2～3次把箱内温度逐步调到7℃～8℃，不必调得太快。因为一般食物，在8℃～10℃时保鲜效果最好。如果把温度调在5℃左右与调在8℃相比，在盛夏季节，每月耗电要相差10度。

（3）用硬纸板做一块活动挡板，连在电冰箱的搁架上。冷藏室每层做一块。这样，每次开箱门取食品时，由于挡板的阻隔，可减少箱内冷气外流，一般每月可节电5%～10%（对单、双门冰箱均适用）。

（4）在有接地装置的情况下，可先为冰箱做1只木制框架底座，其高度5～10厘米，因大部分冰箱底部有冷凝器，将冰箱放在上面有利于冷却，并能延长压缩机寿命。

（5）每层放一只长方形铝盘，尺寸应比格架稍小，尤其是冷冻室，以防止食物污染蒸发器和箱体，并有利于空气对流。

清除电冰箱异昧

为保障食品卫生，家用电冰箱在使用过程中要注意保持箱内的清洁卫生，及时清除箱内的残物。一般使用1～2周后，应停机用浸有温水的软布擦洗箱体内胆及食品搁架、盛器等附件；水果，蔬菜及生食品须洗净、沥干后才能放入箱内。荤腥食品应先用保鲜纸或塑料袋包好后放入箱内。生鱼、生肉应装入塑料袋先进行急冻，使其外表部分形成冻结层后，再放入箱内温度较低的位置保存。此外，还要注意将生熟食品分开放置，以免造成交叉污染。如果由于存放不当或食物腐败变质，箱内出现异味或臭味，可用以下办法消除：

1．用浸有发酵粉或清洁剂温水的软布，擦洗内胆1～2遍，一般的异味即可消除，然后再用清水擦净。发酵粉的用量是每千克温水内加入2汤匙。若使用清洁剂，则应按产品说明书适当降低清洁剂的浓度。

2．冰箱内沾有油迹或污垢而产生异味，可用中性洗涤剂擦洗，然后用清水揩净，但切忌使用强碱性洗衣粉、去污粉、汽油、香蕉水等，以免损坏内胆。

3．如果出现鱼腥臭味，可用浸有食醋或白酒的软布揩擦内胆，可迅速消除臭味，同时还有消毒作用。

4．作为一种经常性的防臭措施，可以将活性炭放入平盘内，将平盘放置在箱内的上层搁架上，可消除各种异臭味。活性炭价格便宜，并可重复使用，它对许多有毒及有刺激性的气体均有很强的亲和、吸附能力。若需缩短除臭时间，只要适当加大用量即可。

5．将煤灰放在敞口的容器内，放入冰箱，可达到除臭效果。一般150立升的冰箱，放1只煤饼的煤灰就可以了，每隔3～5天换1次。

6．缝一个纱布袋，内装5克花茶，放入电冰箱。由于茶叶吸味能力强，当天就可除去冰箱内杂味；每月将茶叶取出晾晒一下，再装入袋内继续使用。

秋冬季节电冰箱封存检修要点

秋冬季节如果停用电冰箱，在封存前应检查保养一番，如发现毛病应及时修复，以便第二年正常使用，一般来说，应从以下几方面进行检查、保养：

1．首先检查冰箱的密封性。看一下门铰链直缝处有没有黄锈斑、水痕，如有，说明冰箱密封性不好。也可用薄纸剪成5厘米宽的小纸条，夹入门缝四周，以能将纸条夹紧为好。门缝漏气，会大大增加耗电量。如有条件，可用弹簧秤测定一下开启冰箱门所需的拉力，一般应在1～7千克为正常，否则须更换门封磁条。

2．检查冰箱的冷冻性能。冷冻箱内的温度应低于-5℃，盒内的水应能在2小时内结成实冰块。再看蒸发管结霜程度，如蒸发管仅半面结霜或不结霜，则说明管内有水分，或者制冷剂不足，或者压缩机高低压串气，应及时送修。如果以上各点均无问题，而压缩机还是长时间运转不停，则须检修温控器。

3. 检查振动、噪音以及压缩机温升。运行中用手摸压缩机外壳，不应有明显的振动感，白天不应明显地听到压缩机有声音。

4. 检查是否漏电。可用电笔分别测试机壳及管路，如发现电线绝缘不好，应立即更换。

上述检修结束后，用温水或肥皂水将冰箱内外清洗并擦干，但切忌用去污粉、碱水、柴油等清洗。擦干后不必涂油，开门干燥一天，然后将冰箱放在干燥通风之处即可。冰箱门忽略留缝隙，以免箱内受潮发霉、生锈。门封上可涂抹少量滑石粉或爽身粉，以免长期关门后将门口漆皮粘脱。经过上述处理后，冰箱就可以稳妥地保存了。

电冰箱下不宜垫皮垫

为了使电冰箱放置平稳及防潮，有的人在冰箱下垫一个皮垫。这样做是不正确的。因为电冰箱设计有专用地线，但很多人怕麻烦或其他原因，常常闲置不用。因此冰箱的4条腿不仅起支撑作用，也担负了地线的职能。由于冰箱内温度的变化，水分很容易蒸发，冰箱内湿度较大，因此，很容易使冰箱漏电及产生感应电流，如果冰箱的金属腿直接与地面接触，产生的感应电流便可经此导入大地，增加了使用的安全性。如果在冰箱下垫置了皮垫或其他绝缘物体，电流不能经此流入大地，当冰箱漏电时，就很容易使人触电。

不可忽视洗衣机异声

洗衣机工作时，传动部件间的机械摩擦声和水流的冲击声均属正常现象。如果有异声或噪声过大，那是不正常现象，应及时停机进行检修，不可忽视，否则后果可能很严重。导致洗衣机异声的原因大致有下列几方面：

1. 洗衣机未安放平稳或箱壳变形引起"共振"。应重新安放平稳或对箱壳整形，或衬垫泡沫塑料消除共振作用。

2. 主轴轴承缺油或损坏。轴承部位的干摩擦声是缺油的反映，可按照随机说明书规定加油。运转时有"咯咯"的声响是轴承损坏，应更换轴承。

3. 电机轴承位移窜动。这种故

除以上原因外，尚有水封、油封磨损过大；传动轮破损；皮带碰擦电机支架等，这些均可造成异声或噪声过大。

洗衣机转盘下漏水的原因及检修

洗衣机转盘下漏水，一般有以下原因：

1．橡胶密封圈磨损过大。检修时要卸下渡轮，取出旧水封，然后将新水封涂润滑脂装妥。装入后不得超过主轴套平面。

2．主轴套螺帽松动，以及橡胶垫老化、损坏造成密封不良。只要紧固主轴套螺帽或调换新橡胶垫即可。

3．洗衣桶口与排水管、排水阀之间的连接不紧密或脱胶。桶管接口可用聚氯乙烯薄膜胶粘结，常温固化24小时即可使用；管阀接口应检查抱圈、卡簧是否卡紧或错位。

4．排水管破裂。排水管破裂处空隙较小，应急时可用橡皮胶布粘贴暂用。根本办法是更换排水管。

5．金属洗衣桶焊缝处局部开裂、锈蚀；塑料洗衣桶拉伸处破裂。出现以上故障，需送有关部门修换。锈蚀缝隙小也可用密封填料修补。

6．排水阀关闭不严或破损。可

障响声较大。检查时卸下传动皮带，让电机通电空转，如声响确实来自电机两端轴承部位的位移窜动，则可拆卸电机，重新调整轴承至正常位置并消除窜动。

4．波轮与桶底碰擦。一般来说这类故障是由安装不当或波轮质量不良所造成的，可用砂纸插入波轮与桶底空隙的最小位置，按住砂纸，开机让波轮运转摩擦，至不擦碰桶底为止。若波轮晃动较大，除安装不当外还有波轮变形的问题，则应更换波轮。波轮与桶底的最小缝隙一般应以2毫米为好。

5．波轮下有硬币、细带、发夹等异物。有异物时就会听到桶内有"沙沙"的异声。排除异物的方法为：先将水放尽，使洗衣机斜侧放，然后开机试看有否异物排出；若不能排除，只得拆卸波轮。

调整排水阀的拉带（绳），使之松紧适度为止；如排水阀组合件中的某个零件损坏，则应调换。

另外，为防止洗衣机出现渗水、漏水现象，一般在使用时要注意下列事项：（1）严禁把沸开水直接倒注在塑料洗衣机桶内和其他塑料部件上，以免塑料件早期老化和变形，使用热水最高不得超过60℃，以不烫手为宜；（2）桶内无水时，不宜开机，以免造成密封圈过早磨损而漏水；（3）防止机械损伤，不可强拉排水软管；并保持排水管的洁净；（4）每次洗涤后，及时把管道内的积水排放干净。

正确掌握洗衣机的洗衣强度

洗衣机最主要的指标是洗净率和磨损率。考虑到这两个指标，洗衣机在洗涤任何衣物时，就必须根据织物的性质和脏污程度，恰当地掌握洗涤时间与洗涤强度。这两者是密切关联的。目前洗衣机多数设置由定时器控制的强洗、中洗、弱洗三档洗衣强度。这三档洗衣强度不是指波轮转速的快慢变化，而是指波轮转动方向和时间的调整变化。

由于洗衣机品种、型号很多，既

有国产的，又有进口的，对洗衣强度的规定也有所差别。一般强洗档是，渡轮作单向不停运转，到认为洗净关机才停；中洗档是波轮先正转26秒，停4秒，反转26秒，停4秒，依这样程序循环直至所控制的时间才停；弱洗档是波轮先正转3秒，停7秒，反转3秒，停7秒，同样依这样程序循环直至所控制的时间才停。国外的某些洗衣机规定中洗档为先正转30秒，停5秒，反转30秒，停5秒；弱洗档为先正转4秒，停9秒，反转4秒，停9秒，两档均周期循环到所控制的时间才停。其正反转与暂停的时间相对均稍长些。中洗、弱洗的正反转与间隙时间，各产品并不一致，国际上也无统一标准。

有些结构简单的洗衣机只设中洗档一种洗衣强度，如需要强洗或弱洗时，只要适当掌握洗涤时间的长短，也有同样效果。

选择洗衣机洗衣强度的大致原则如下：

强洗档：适合劳动布、帆布、牛仔布等较粗厚而耐磨的或较脏的衣物。

中洗档：适合棉布、绦棉、绦腈粘等混纺纤维衣物，或较厚的涤纶衣服。

弱洗档：适合毛线、丝绸、尼龙

或全毛、毛绒、毛腈混纺纤维衣物，以及细软轻薄型的涤纶衣服。

电饭锅夹生或焦饭的故障检查

保温式自动电饭锅由加热器、内锅、锅盖、饭熟断电限温器、自动保温器、指示灯、电源插柱和外壳等组成。如遇电饭锅煮米饭生熟不均匀或者煮焦时，故障的可能部位和处理方法如下：

1. 加热器发热量严重不均匀。电饭锅的加热器是由管状电热元件铸在合金铝中制成的电热板。它与内锅底的接触面呈球面状，表面光滑，与内锅底面接触紧密，这样才能均匀、有效地传热。

2. 内锅底与加热器之间夹有杂物。应注意内锅底面及加热器板面之间不应有米粒或饭粒等杂物掉入，须经常保持清洁干净。

3. 饭熟断电限温器与内锅底间接触不良或弹簧失灵。饭熟断电限温器（即磁钢限温器）的感温磁钢与内锅底之间接触不良，或限温器中弹簧失灵，都会产生煮焦饭故障。必要时更换感温磁钢或整个限温器，即能排除煮焦饭故障。

4. 自动保温器失灵。自动保温器失灵或断电温度过高也会煮焦饭。应调节保温器的调温螺钉或更换整个自动保温器，才能排除故障。

电饭锅缘何不能自动断电

电饭锅的煮饭自动断电装置主要是一个磁钢限温器，在它的结构中间共有三块磁铁：一块是一般常用磁铁，称为硬磁铁；两块是软磁铁。因为磁性材料的磁场强度都随温度上升而降低，当温度上升到某一定值时，磁场强度下降到零，这个温度称为磁性材料的"居里"温度。磁钢限温器中的软磁铁由于"居里"温度很低，当内锅温度加热到103℃（上、下误差2℃）时软磁铁就会失磁，在弹簧和自重的作用下，使软硬磁铁分离，于是带动两电源触点分离达到自动切

断电源的目的。

如遇电饭锅使用中不能按要求自动断电，这主要是磁钢限温器失灵引起。因为磁钢限温器是靠一个压紧弹簧顶起贴紧内锅底面的感温元件探测内锅温度的。压紧弹簧经长期使用后会退火变软失去弹性或收缩变形，使磁性温控元件不能紧贴内锅底测温，于是不能正确而自动地切断电源。

饮水机要月月洗

一般的饮水机通常是桶装水的桶颈倒过来后放在饮水机的冲瓶座上，然后由机内的软管将水导入两个水胆内，其中一个是热水胆，一个是冷水胆。这两个水胆除了起到出冷热水的功能外，还可沉淀水中杂质。

人们通常不断重复更换桶装水，却忽视了饮水机内胆还存有近1000毫米的水。这存水就会隐藏致病细菌，久而久之，自然成了细菌滋生的温床。不断繁殖的细菌被人饮用后，会引发多种疾病。

饮水机另一个主要污染源来自桶装水的桶颈部分，因为这是与饮水机冲瓶座接触最紧密的地方。一些厂家对瓶颈部分不严格消毒，饮水机密封性能不好，甚至使用劣质瓶盖，工人在运输过程中，一提瓶颈，瓶盖会脱开，使饮用水受到二次污染。所以，饮水机要一个月清洗一次。

微波炉使用的注意要点

微波炉是现在家庭常用的电器之一，但并不是所有的家庭都会科学使用，下面几点是使用微波炉的注意事项，要引起注意。

（1）不宜用微波炉加热封闭的罐头食品，否则会因瓶罐爆炸而引起危险。

（2）不宜用来烹煮带壳的蛋类，因为蛋内会产生压力而炸开。

（3）不宜烹煮外皮厚实的食

物，因为厚实的外皮会妨碍食物微波的吸收；若一定要用，则使用前必须先在外皮上戳几个洞。

（4）不宜用微波炉做油炸食品，因为油过热，有很大的危险性。加热冷冻食品和糕点时，每次数量不宜过多，否则会造成外熟内生。

（5）不同类别的食物（如蔬菜和肉制品）不宜同煮。

（6）微波炉内不宜用金属容器。在微波炉内使用金属容器，会使炉体损坏。因为金属物质对微波来说，会被反射而无法透进。不但食物无法变热，微波在不断地经电磁管被释出，却又被金属物质反射回来，当产生的高频短波达到一定程度时，微波炉就可能损坏。另外，金属还会因微波照射而放电，引起火花，破坏炉体内部的平滑完整，这是非常危险的。因此，在微波炉内，不宜使用金属容器，而应使用玻璃、陶瓷、耐温塑料等非金属材料制作的器皿。

忌将空调温度调得过低

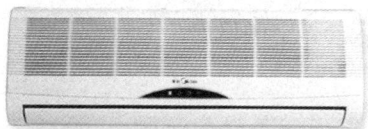

空调室内的温度调得过低，易得"空调症"。

所谓空调症，就是一系列对环境不适应的综合征，主要表现为下肢酸痛无力、腰痛、头痛、关节痛，严重的可导致口眼歪斜。这是由于空调房间内外的温差过大所造成的。在炎热的夏天，人一进入有空调的房间，室内外温差大，皮肤遇冷突然收缩，对人体产生不良刺激，皮肤上的细菌，会随着汗腺的收缩而进入人体，使人容易得病。人在温度较低的空调房间工作或生活一定时间后，身体适应了低温环境，一旦离开，进入炎热的场所，便会全身冒汗。这样一冷一热反复变化，会降低人的抵抗力。

为了防止空调症的发生，应该注意：①不要将空调房间的温度调得过低，一般以25℃~28℃为好；②室内室外的温差不宜过大，最好不要超过5℃，这样出入空调房间，才不致对身体产生过大刺激；③不可让空调机的冷风直接吹到身上，空调房间也应每隔一段时间就打开门窗换换气；④不应开着空调睡觉。

巧用牙膏去除电熨斗锈渍

电熨斗使用时间长了，难免会弄脏底板，有时织物纤维烫焦后也会黏附在熨斗底板上，使其变黑、发黄，或有黑黄斑点。遇到这种现象，切不可乱用小刀或铁质工具刮去，更不能用砂纸去擦，否则，电熨斗镀铬层受损，会影响熨斗表面的光泽和美观，失去防锈能力。正确的解决方法是：先将电熨斗通电，使电熨斗底板达到烫手或滴水冒热气的热度，再用较粗的棉、麻纤维布蘸牙膏，在黑斑痕上用力擦拭，牙膏干时再往上滴点水，始终保持牙膏呈温热状态，这样反复擦拭数次就可除去斑痕。电熨斗生了锈，可先用一块潮湿的布蘸上牙膏，慢擦锈处。擦净以后，再涂上一层蜡，插上电源，将蜡熔化后再擦。如生锈部位在熨斗底面，可用一块废布垫上来回熨几次。用这个方法除锈，

可恢复原有的光滑和平整度。

洗涤拉毛织品要阴干

市场上出售的各式拉毛织物，如拉毛毛衣、围巾、拉毛腈纶衫等均深受欢迎。但这种拉毛织物易脏，在洗涤时，不要用肥皂搓洗，要选用高档洗衣粉，用温水冲好后，把拉毛衣物放在水中，浸泡十几分钟，轻轻揉几下，再将衣服挤干，不要用力拧，以免擀毡。在屋内阴干，最好平放在毛巾上吸湿，不要在日光下挂晒，防

止走形变色。然后将洗净阴干的拉毛织物在水蒸气上熏吹，再用较硬的毛刷，顺着拉毛织物的纤维，轻轻地梳通，就会恢复原状。

辨别皮革有窍门

市场上的皮革服装、皮鞋、皮箱和各种手提包等，有的是采用各种动物革制作的，也有的是用合成革、仿皮革之类的面革制作的。要识别它，就得掌握它们的不同特点和表面特征。

（1）猪皮革毛孔粗大，一个毛孔三颗毛，呈三角排列，毛眼相距较远。由于皮层表面不平整，革面显得粗糙，柔软性差，一般都经修面后再使用。若把猪皮革加工成软革，其柔软程度可超过牛皮革。

（2）牛皮革毛孔细小，呈圆形，分布均匀而紧密，毛孔伸向里边，革面丰满、光亮，皮板柔软、纹细、结实，手感坚实而富于弹性。

（3）水牛皮革由于皮层表面凹凸不平，故革面粗糙，毛孔较粗大、稀少，一般不用它作面革而作鞋底。

（4）羊皮革分山、绵羊两种。山羊皮革面纹络是在半圆弧上排列2~4个粗毛孔，周围有大量绒毛孔。

绵羊皮革皮板薄，手感柔软，毛孔细小，呈扁圆形，由几个毛孔构成一个组，排成长列，分布很均匀，但不结实。

（5）马皮革毛孔椭圆形，不明显，比牛皮革孔略大，斜入革内呈山脉形状，有规律排列，革面松而软，色泽昏暗，光亮不如牛皮革。

（6）仿羊皮革外观和手感都类似羊皮革，但细看无毛孔，底板非动物皮，是用针织物经人工合成。没有其他皮革结实。

各类家具保养法

木质家具，平时应用干布擦和上蜡保养，若沾上难于擦掉的污垢，可先用布蘸少许牙膏拭擦，然后再用湿布擦除。若是胶合板制成的家具，沾上污垢后可用洗涤剂擦去，严重的污迹可采用掺甘油酯的清洁剂擦除。家具表面的油漆层怕烫，应忌放盛着沸汤的器皿。如一旦发生这种现象，可以软布蘸浓茶水拭擦几次，可恢复它的光泽。这种办法也适用于使用年久，油漆光泽变暗的家具。

藤器家具忌随地拖拉。一旦藤条松动，应及时修理，按原来的卷绕方式卷紧，将末端插入原来缝中，

再用乳胶粘牢。最好在藤器买回来使用前，先用清漆涂刷一遍，既可保护藤条，增加光泽，又便于沾污后清洗。一旦遇有严重污垢，可用洗涤剂擦洗，然后用干布擦干。若是白色藤器，则还需抹上蜡，使之和洗涤剂中和，以防变色。发现虫蛀，应及时向蛀孔中注射杀虫剂或酒精，以杀死蛀虫，防止扩散。

电镀家具不宜放在潮湿和有煤烟熏烤的地方，也不要与酸、碱、盐等腐蚀性物品接触。一旦表面出现生锈，应即时用刷子蘸上少许机油涂于锈处，擦拭几次，锈迹即可除去。切忌用砂纸打磨；不能用湿布擦拭电镀家具，应用干布。

正确的烧水方法

虽然市场上有品种繁多的饮用水，但无论是过去、现在还是将来，自来水还是老百姓主要的日常饮用水。从营养成分上讲，自来水的矿物质含量不如矿泉水丰富，pH值也达不到 7~8，但基本上能满足人体需要。

自来水需要注意的是其污染问题。如何让自来水转化为干净、健康的饮用水，正确的烧水方法极为重要。生活中经常会见到这样错误地烧开水：一是水刚烧开就马上关火；二是水烧开后还让它沸腾很久；三是水烧开后再盖着壶盖沸腾几分钟。其实这样对水的安全和饮用者健康都没有好处。正确的做法是：水快开时（80～90摄氏度）把盖子打开，等水开后再煮2～3分钟，然后熄火。

这样做的原因在于，水中的有机污染物很多，有些物质是挥发性的，加热时会随着水蒸气挥发出去。因此，在水快烧开时要把水壶的盖子打开，并在水开后再煮两三分钟，可以让这些物质最大限度地挥发出去。另一方面，水烧开的时间过长，也会造成水的老化，以及形成有害物质。因此，健康的、符合人体需要的水应该是新鲜的。

另外，水烧开后放置的时间过长，也会变成老化水，而且老化水中的有毒物质会随着水贮存时间增加而增加。正确科学的做法是喝自然冷却、搁置时间不超过6小时的白开水，对人体健康最为有利。

合理安排睡床

（1）睡床不宜过高、过低：睡床的高低，应以略高于就寝者膝盖骨为宜。这种高度上床不吃力，下床伸腿可着鞋履，也便于卧者床下取物。如果睡床过高，当人刚刚睡醒朦胧之际，往往有摔着之虞；如果睡床过低，既易受潮湿侵袭，床下通风不良，上下睡铺又多有不便，往往会使人膝部感到不舒服。

（2）睡床不宜过硬、过软：睡床过硬，人睡着不舒适，不利于驱除疲劳；睡床过软，睡久了会增加腰椎的正常生理弯曲度，加重脊柱周围韧带和椎间各关节的负荷，使人体体形发生畸变。睡床的软硬，从保健的角度看，以在木板上铺两床棉絮为宜，冬季可稍加一些垫絮。适宜的睡床应保持一定的硬度，使臀部不要过度下沉为好。

（3）棉絮下面不宜垫泡沫塑料：冬天，常有些人习惯于在棉絮下面垫一层泡沫塑料，以增加柔软性和保暖性。其实，这种做法是不当的。这是因为泡沫塑料的吸水性很强，而其透气性却很差。在棉絮下面铺泡沫塑料，人睡觉时排出的水分，必然会

被大量吸附在里面，而且很难散发出去。这样，棉絮就会很潮湿，人体下面就会不透气。时间长了，棉絮甚至会发霉，人体长时间在这样潮湿的环境中，对身体健康十分不利，易发生风湿、腰痛等疾病。因此，睡床上是不宜铺泡沫塑料的。

残茶妙用

把残茶叶放在有腥味的器皿内，然后煎沸数十分钟，腥味即可去掉。

吃了生葱、蒜以后。弄点残茶叶在口里嚼上一会儿，葱、蒜味便能解除。

把残茶叶晒干后，装在枕头里，睡起来柔软清香，又能去头火，促进睡眠。

夏季和秋季，将晒干后的残茶叶点火燃烧，可以起到驱除蚊虫作用。

把残茶叶晒干后，将它和炭末混合在一起，盖在燃烧的煤炭上，能维

持燃烧力。

把残茶叶晒干后，放在厕所里或臭水沟渠旁燃烧，能消除恶臭。

用残茶叶来擦洗镜子，玻璃、门窗、家具等，具有较好的去污效果。

残茶倒在花盆里，能保持土质水分；与泥土混合放入花盆内，可作花卉肥料。

淘米水的妙用

（1）用淘米水洗浅色衣服易去污，而且颜色鲜亮。

（2）沉淀后的淘米水再加热水，可以用来浆衣服。

（3）用淘米水洗手，可用滋润皮肤作用。

（4）用淘米水漱口，可以治疗口臭或口腔溃疡。

（5）将带腥味的菜，放入加盐的淘米水中搓洗，再用清水冲净，可去腥味。

（6）把咸肉放在淘米水里浸泡半天，可去些咸味。

（7）用淘米水洗腊肉要比用清水洗得干净。

（8）用淘米水洗猪肚，比用盐或骨矾搓洗省劲、省事，且干净、节约。

（9）常用淘米水洗泡的菜刀不易生锈。生锈的菜刀泡在淘米水中数小时后，容易擦干净。

（10）淘米水浇灌花木或蔬菜，可使其长得更茁壮。

（11）用淘米水擦洗后的油漆家具，比较明亮。

（12）用淘米水擦拭新漆器，4～5次后，能除去臭味。

醋的妙用

（1）煮土豆时放一点醋，可避免烧焦，且可使土豆颜色洁白，松软适口。

（2）烧牛肉时加一点醋，容易烧烂。

（3）常吃醋，可预防痢疾。

（4）煤油灯的灯芯，用醋浸过后晒干再用，可减少灯烟。

（5）用醋代水磨墨，写出的字又亮又黑又不褪色。

（6）洗绸缎等丝织品时，在水中加点醋，可使丝绸保持原有的鲜艳光泽。漂亮衣衫上染上了果汁，可用醋搓擦再用清水漂洗，可以去污。

（7）银、铜和铝制器皿变暗发黑或生锈时，用醋涂一遍，干后用清水冲洗，即可恢复光亮。

（8）水壶底有了水垢，只要加些醋和水，烧开后即可除净。

（9）理发吹烫前，先在头上喷洒一点醋，发式能长久保持不变。

（10）皮鞋油中加1～2滴醋，可使皮鞋面的光泽更亮，更持久。

（11）写字用的墨块用得很短，不好使用时，可把它浸泡在醋中，加热后煮成浓墨汁，用它写字又黑又亮。

（12）放有辣椒的菜如果太辣，可放些醋，能减少辣味。

（13）喝酒喝醉了，喝适量的醋，就能逐渐清醒过来。

（14）如果玻璃上溅有油漆点，可先涂一点醋，待浸软以后，便可擦去。

（15）炒菜时加点醋可减少维生素损失，使菜鲜美可口，而且能灭菌。吃油多的食物时加点醋或蘸醋吃，就不感到腻口。

（16）烧鱼肉时加点醋，可以消除腥味也容易酥烂。洗猪肠、猪肚时放点盐和醋反复揉洗再用清水洗可以解除腺味。

（17）煮骨头汤时加些醋，可使骨头中的磷、钙得到溶解，增加汤的营养，味道也更加鲜美。

（18）把鲜肉包在蘸过醋的毛巾里，能保持新鲜。

（19）吸烟人牙齿上有烟垢，滴几滴醋在牙刷上刷牙可除去烟垢。

（20）醋泡生锈的菜刀，再用布擦拭，就会光亮如新。

（21）深色毛料服装经常摩擦的部位，容易起油光，可用一半醋一半水敷在上面，干后再敷1次，然后盖上一块干布用熨斗熨平，油光就消除了。

（22）醋还能解毒，如误服了碱性毒物，赶快大量地饮醋，能起到急救作用。

（23）吃饭过急打呃时，将开水里兑上等量食醋慢慢喝下，可使呃止住。

（24）天热，如胃口不好，在开水里加点醋和白糖能生津止渴，增加食欲。

（25）醋中加冰糖，饭后食1汤匙，或醋泡花生米，清晨食7～10粒能降血压和胆固醇。

（26）将烧红的碎砖瓦投入装醋的容器内使起雾气，每天3次，连续3～4天，可以预防流感和流行性腮腺炎。

（27）醋能帮助人体对钙和铁的吸收。钙和铁是构成人体骨头、牙齿和造血的原料。食物里所含的钙和铁容易被醋溶解出来，被身体吸收利用。

（28）醋洗肛门或用棉球蘸醋塞入肛门过夜，可以治小儿蛲虫。

（29）旅途疲劳时，在洗澡水中略加点醋，能使你皮肤光润、肌肉放松。对易晕车船者，出发前喝上1杯加醋的温开水会使你舒心良久。

（30）用棉花蘸醋塞住鼻孔，可止鼻血。用醋加盐煎服还可止吐止泻。

（31）蚊虫叮咬后，擦点醋在被咬处可以消毒。疖肿初起时，抹上醋可以散瘀消炎。

（32）因环境改变，适应欠佳引起失眠时，临睡前喝上1杯加醋冷开水，可使你安然入睡。

（33）饭馆就餐，可用醋擦拭碗筷，再食用点醋，可以预防肠道感染病，增进食欲。

（34）醋泡鸡蛋治神经性皮炎。取新鲜鸡蛋1只，洗净擦干，放入盛有250毫升醋的玻璃杯或瓷器中，用塑料布扎紧封口，浸泡1星期。待鸡蛋呈淡褐色，蛋壳完全软化时，小心将蛋取出，用消毒过的缝衣针，将蛋的一端刺破一小孔，蛋液自行流出，装在无菌杯内待用。每日外涂患处1～2次，1周可见效。

牛奶的妙用

（1）做冻鱼时，在汤中加些牛奶，会使鱼的味道更接近鲜鱼。

（2）瓷器上有小裂纹，可放入牛奶中煮沸半小时，牛奶中的蛋白质能将小裂纹封住，并能保持瓷器表面的美观。

（3）用少量鲜牛奶涂擦面部，可预防皱纹出现，保持容颜娇嫩。

（4）如晚上睡眠不好，睡前可喝上1杯热牛奶。

（5）用喝剩或变质的牛奶擦皮革制品（如皮鞋、皮包等），既可防止皮质干裂，又能使皮革制品柔软美观。

蜂蜜的妙用

（1）蜂蜜50克、生甘草9克、陈皮6克、水适量，先煎甘草及陈皮，去渣冲入蜂蜜，1日服1次，可治胃及十二指肠溃疡。

（2）蜂蜜含有蚁酸，能杀死霉菌，在12小时内杀死痢疾杆菌，14小时内杀死伤寒菌和肠炎杆菌。民间用蜂蜜150克，1日服4次，小儿酌减，可治急性细菌性痢疾。

（3）蜂蜜含有众多的微量元素和抗生素，可抑制化脓菌的生长。蜂蜜、麦芽糖、葱汁各适量，共熬后装入瓶内，每次服1汤匙，1日3次，可治气管炎。

（4）大梨1个挖去核，或用红萝卜1个挖孔，蜂蜜50克放入梨内或萝卜内，蒸熟食之，1日2个，连食数日，可治疗阴虚肺燥之干咳、久咳痰少、咽干口燥、手足心热。

（5）马蜂蜇伤，痒疼不止，可用仙人掌捣烂绞汁，调蜂蜜涂患部，数次后肿退痛止。

盐的妙用

（1）准备生吃的蔬菜、水果，如果没有消毒药物处理时，用15%的食盐水浸泡20分钟，也能起到消毒、杀菌的作用。

（2）在鲜牛奶里加入一些盐，可防止牛奶变色变质。

（3）油炸食物时，油锅里放进一些盐，油就不会外溅。

（4）做甜食时，如放上糖量1%左右的食盐，食品味道会变得更加甘美。

（5）土豆或红薯等烧煮时容易破碎，如果撒下点盐，就能保证形状完整不碎，味道也好。

（6）炖鱼时，先撒些盐在鱼身上，可防鱼肉散碎。

（7）菠菜等蔬菜的叶子，如果有些变黄，烹时放一撮盐，颜色即能返黄为绿。

（8）煮鸡蛋时放点盐和醋，能使蛋壳不易破碎；破了壳的蛋，放在盐水里煮，蛋白不会流出来。

（9）蒸隔日的剩饭，在水中放入少量的盐，能去掉异味。

（10）做馒头时，放点盐水，可以帮助发酵。

（11）洗涤容易褪色的衣服，放一些盐，能防止褪色。

（12）在木炭上洒一些盐水，干燥后可耐久燃烧。

（13）把鸡蛋放在盐里埋起来，可使鸡蛋在相当长时间内不坏。

（14）调糨糊时，放一些盐，糨糊不易发霉。

（15）把胡萝卜弄碎后拌一点食盐，可擦掉衣服上的血迹。

（16）染衣服的时候，放一些食盐，可使衣服颜色鲜艳。

（17）用盐水浇花朵，可使花不易枯萎。

（18）用搪瓷碗泡茶，日久碗里就会积一层深咖啡色茶锈，茶锈不易用水洗掉，但用湿布蘸些细食盐擦一下，就会脱落。

（19）盐可擦掉铜器上的黑点。

（20）磨刀时，将刀放入盐水中泡半小时再磨，随磨随洒盐水，磨起来既省力、省时，刀口也又快又耐用。

花椒的妙用

（1）治老年人病后腰酸腿软、牙齿松动。可用红花椒（干的）配小茴香，炒后研成末服用，每天服2次。

脚，可治脚气。

（9）皮肤发痒，可用花椒、信石（中药名）各50克泡水，4天后用来洗患处，几次即可止痒。

（10）被蝎子蜇了抹点花椒水，可去毒止痛。

啤酒的妙用

（1）用啤酒将面粉调稀。淋在肉片或肉丝上，炒出来的肉鲜嫩可口，特别是用此方法烹调牛肉，效果更佳。

（2）啤酒可使凉拌菜增加美味。将菜浸在啤酒中煮一下，酒一沸腾便取出，再加点调味剂。

（3）和面时水中掺些啤酒，烤制出的小薄面饼又脆又香。

（4）将烤制面包的面团中揉进适量的啤酒，面包既容易烤制，又有一种近乎肉的味道。

（5）制作较肥的肉或脂肪较多的鱼时，加一杯啤酒，能消除油腻味，吃起来很爽口。

（6）将待用制作的鸡放在盐、胡椒和啤酒中，浸1～2小时，能取掉鸡的膻味。

（2）治胃肠道和胆道蛔虫。用干花椒6克、乌梅9克，和水煎服，每天服2～3次。

（3）治蛀牙痛。用干花椒9克、烧酒50毫升，浸泡10天后过滤去渣，用棉花蘸酒塞入蛀牙孔内，即可止痛。另一处方：牙痛发作时，用花椒、樟脑各5克研成粉末，用白纱布包好，咬在牙疼处，可立止牙痛。

（4）治蛲虫病。用于花椒9克、雄黄1.5克，研成细末，用棉花将它包作小球，浸泡在麻油内，浸透后取出，睡前塞入肛门，第2天早上蛲虫即可排出。

（5）治湿疹。用花椒，配适量艾叶，用水煎后洗患处。

（6）花椒作为一味中药有温中散寒除湿止痛的作用，可治积食心腹疼痛、呕吐、咳嗽呃逆、风寒、阴痒疮等。

（7）苦于多毛症的青年，可试用新花椒油抹擦多毛处。

（8）用陈醋浸泡花椒，用来洗

咖啡的妙用

（1）将咖啡加好糖和水倒在冰盒中放入冰箱。这样制作的咖啡冰块放入冷奶或热奶中会使牛奶香味浓郁。

（2）在烧兔肉的酒中加3汤匙很浓的咖啡，可使菜的味道更鲜美。

（3）深色家具有了刮痕，可利用咖啡在刮伤部分擦一下，干了之后，再用湿布擦拭干净，然后再依上法涂抹一次即可，经这样处理之后，刮痕就不醒目了。

（4）咖啡有较强的兴奋、强心、利尿、解酒的作用。醉酒后有昏睡现象时，可用开水泡浓咖啡，频频饮服，有较好的醒酒效果。

（5）将咖啡渣倒进洗碗池中，用水将其冲走，可以除去排水管道中的臭气和油腻。

（6）容器中有焦臭味，可用咖啡渣擦除后清洗。

（7）在啤酒中加些咖啡，再放少许糖，苦涩中含幽香，口味甘醇。

桔子皮的妙用

（1）桔子皮中含有大量的维生素C和香精油，将其洗净晒干与茶叶一样存放，可同茶叶一起冲饮，也可以单独冲饮，其味清香，而且提神、通气。

（2）桔子皮具有理气化痰、健胃除湿、降低血压等功能，是一种很好的中药材。可将其洗净晒干后，浸于白酒中，2～3周后即可饮用，能清肺化痰，浸泡时间越长，酒味越佳。

（3）烧粥时，放入几片桔子皮，吃起来芳香爽口，还可起到开胃作用。

（4）烧肉或烧排骨时，加入几片桔子皮，味道既鲜美又不会感到油腻。

（5）桔子皮可以做成糖桔丝、糖桔丁、糖桔皮、桔皮酱、桔皮香等美味可口的食品。

程中，毒性物质就难免会溶入水中。人若用这种水洗脸或洗脚，就不可避免地受到毒性物质的污染，使人在不知不觉中中毒。因此，切不可为了贪图一点温水，而使自己身体遭受危害。

观雪景要戴防护眼罩

每到冬天风雪过后，大地银装素裹，正是观赏雪景的最好时光。但是，当你观赏雪景时，勿忘保护好眼睛，裸眼在阳光下观雪景是不当的，那会造成"雪盲"。

雪盲亦称太阳光眼炎。由于大地一片雪白，对光的吸收能力大大降低，因而使人感到十分眩目，尤其是在阳光下更加明显。这时，雪地对紫外线的反射量可增强5%～6%。大量紫外线被眼睛角膜与结膜吸收，会使眼睛产生类似电光眼炎的损害。

得了雪盲症的病人通常双眼同时发作，轻者仅感到眼睛不舒服，眼内有异物感；重者则发生畏光、流泪和眼部刺痛等症状。同时，眼睛对光线的敏感性增强，引起功能性视力障碍。

预防雪盲的方法比较简单，即在观赏雪景或在雪地里行走及工作时，

热水袋里的水"有毒"

冬季，有的人喜欢把热水袋里的水倒出来洗脸，以为这样是"废物利用"，又不致使手脸受凉，一举两得。其实，这种做法是不当的，这样做对人体潜藏着危害。

这是因为：热水袋在制作过程中，要加入防老剂、染料及各种填充剂。这类物质大都有一定毒性，有的还具有致癌性。而往热水袋里灌入的水，大都温度很高，这些热水又都长时间存放在热水袋里。在这个贮存过

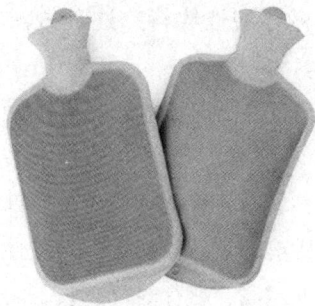

最好戴上黑色的太阳镜或防护眼罩。这样就可避免雪地反射的紫外线伤害眼睛。

一旦得了雪盲症，可用鲜人乳或鲜牛奶滴眼，每次5～6滴，每隔3～5分钟滴1次。使用的牛奶要煮沸消毒并完全冷透了才能用，这样可减轻症状，同时，也可滴红霉素、氯霉素等眼药水，以防继发感染。

面包存放在冰箱内会老化

面包松软可口、甜香宜人，是大众日常食用的主食之一。但是有的人为了省事，往往一买几个或更多，把它存放在冰箱里，随吃随取。殊不知，这样做是不当的，面包是不宜在冰箱里存放的。

这是因为面包在烘烤过程中，面粉中的直链淀粉部分已经老化，它才产生弹性和柔软结构。但是随着放置时间的延长，面包淀粉的直链部分会慢慢发生缔合，使面包由柔软逐渐变硬。这种变化的速度与温度有关——温度越低，面包的老化、变硬越快，这就使得放进冰箱内的面包会很快变硬，存放时间越长，冰箱内温度越低，面包变得越硬越难吃。因此，面包是不宜放进冰箱存放的。

不要用塑料瓶盛装药品

用塑料瓶盛装的中草药溶液，放置时间过长容易变质失效。塑料药瓶多为高密度聚乙烯塑料制品，其本身具有较大的透气、透湿和透光性，所以瓶内的药物并不能与外界空气、潮气和光源、热源完全隔绝，以致药物易受这些因素的影响而逐渐被分解破坏或腐败变质。如果人们服用了这种药液，不但无益，反而会加重病情。使用中性玻璃瓶盛装药液，则无酸败、沉淀、受潮及药液容量的损失，尤其棕色玻璃瓶，具有很好的避光作用，特别适用于盛装因光照而易分解的药物。

不要用金属容器盛存酸性饮料

有些人常用铁、铝、铜等金属容器盛存酸性饮料，这种做法是不当的。

道理在于金属容器一旦接触酸性饮料（例如橘子汁、柠檬水、酸梅汤等），就会发生化学反应，使部分金属物质溶于液体饮料之中。酸性饮料的酸度越高，盛存时间越长，溶于其中的金属物质就越多，人喝了这样的饮料受害就越大。如果情况严重，往往会引起化学性食物中毒，出现头痛、恶心、腹泻等症状。因此，金属容器是不宜用来盛存酸性饮料的。

不要用透明玻璃瓶久存食油

有人以为用塑料桶久存食油不好，用玻璃瓶存放食油时间久点没有什么关系。这种认识有一定道理，但也是不全面的。因为用透明玻璃瓶久存食油同样是不当的。

光线能促进油脂氧化，特别是光线中的紫外线和紫色、蓝色光线对油脂的破坏作用尤甚。据研究人员实验证明，食油存放在透明玻璃瓶里30天，即开始发生酸败，而后随着存放时间的延长，其酸败程度逐渐加速加重。因此，在准备近期食用的食油时，最好把它存放在不透明的玻璃瓶里，或者虽存放在透明容器内，但应把它装在遮避光线的箱子里保存，以防其酸败。

食油不要高温加热后贮存

有的人为了长时间保存食油，使其不致滋生细菌或变质，常常采用先经高温加热后再保存的做法。殊不知这样做是得不偿失，极不科学的。

这是因为：①食油虽然在生产、运输、贮存过程中，易受到不同程度的污染，直接入口是不卫生的，但从食油的酸碱度、渗透压等方面看，并不适宜于细菌的繁殖和滋生，因此高温加热后再保存完全是没有必要的。②食油经高温加热后，其氧化作用反而会随之加快。一方面，食油中的必需脂肪酸在高温加热时会遭到一定程度的破坏；另一方面，食油中的不饱和脂肪酸经高温加热而氧化后，会发生聚合作用，构成大分子化合物。这种化合物有一定毒性，人食用后，会出现生长停滞、肝脏肿大、生育功能和肝功能发生障碍等现象。因此，食用油是不宜高温加热后再贮存的。

不要用铝锅存放饭菜

铝的化学性质非常活泼，在空气里很容易氧化，表面生成氧化铝薄膜。氧化铝薄膜不溶于水，但却能溶解于酸性或碱性溶液中。盐也不能破坏氧化铝。

咸的菜、汤类食物如果长期存放在铝锅里，不仅会毁坏铝锅，而且汤菜里会有较多的铝，它们和食物发生化学反应，生成铝的化合物。长期吃含有大量铝和铝化合物的食物，人体会慢性中毒。例如，不仅会破坏人体正常的钙、磷比例，影响人的骨骼、牙齿的生长发育和新陈代谢，还会影响某些消化酶的活性，使胃的消化功能减弱，甚至引起老年痴呆。因此，不能将剩饭剩菜长时间存放在铝制品里。

不要用金属容器存放蜂蜜

有的人为了防止蜂蜜变质，便把它存放在密闭的金属容器里，以为这样既避光、又严密，一定可以使蜂蜜保存更长时间。殊不知，这样做是不当的。

因为蜂蜜中含有机酸和碳水化合物，这些物质在酶的作用下，部分会转变为乙酸。而乙酸能腐蚀镀锌的铁皮。从而增加了蜂蜜中铅、锌、铁等金属含量，使蜂蜜变质，蜂蜜的营养成分受到破坏，人若食用了这种变质蜂蜜，往往会出现恶心、呕吐等中毒症状。因此，蜂蜜是不宜盛放在金属容器内的，还是存放在玻璃瓶内为好。

不要使用油漆筷子

油漆筷子美观、价格便宜，但从卫生观点来看，对身体健康是不利的。这是因为，油漆是高分子有机化合物，大多含有有毒的化学成分，特别是黄色油漆，是用含有铅和铬的黄色颜料配制而成的，铅含量占颜料总量的64%，铬含量也达16.1%。部分绿色（由蓝、黄色混配）、棕色（由黄、红、黑三色混配）油漆也含铅、铬。当长期使用油漆筷子进餐，特别是油漆脱落随食物一起咽入胃内，铅和铬等有毒物质进入人体被蓄积就有发生慢性中毒的危险。铅中毒量为0.04克，致死量约为20克。每口进入体内的铅量超过1毫克，即可对人体造成危害。

铅主要损害神经系统、造血器官和肾脏，重者可出现口腔金属味，齿龈出现铅线，并有胃肠道症状、神经衰弱及肌肉痛等。尤其会影响儿童的智力发育。因此，日常生活中，最好不用油漆筷子进餐，应选用优质的竹制筷子，或无毒且符合卫生标准的木制或塑料筷子。

警惕陶瓷餐具重金属超标

陶瓷制品按其装饰方法不同而分为釉上彩、釉下彩、釉中彩三种，其铅、镉溶出量主要来源于制品表面的釉上装饰材料，如陶瓷贴花纸和生产花纸用的陶瓷颜料等。由于这些颜料一般都含有一定量的铅或镉，因此陶瓷制品中含铅也是长期以来制作工艺中无法避免的问题，其中尤以釉上彩和其他劣质产品为最。人们长期使用这些餐具盛放醋、酒、果汁、蔬菜等有机酸含量高的食品时，餐具中的铅等重金属就会溶出并随食品一起进入人体蓄积，就会引发慢性铅中毒。

选购该种餐具应注意区分釉上彩、釉下彩、釉中彩陶瓷。

釉上彩是用釉上陶瓷颜料制成的花纸贴在釉面上或直接以颜料绘于产品表面，再经700℃～850℃左右烧烤而成的产品。因烤烧温度没有达到釉层熔融温度，所以花面不能沉入釉中，只能紧贴于釉层表面，用手触摸制品表面有凹凸感，肉眼观察高低不平。釉上彩陶瓷有铅（镉）超标的隐患。

釉中彩陶瓷的彩烧温度达到制品釉料的熔融温度，陶瓷颜料在釉料熔融时沉入釉中，冷却后被釉层所覆盖。这种产品表面视觉平滑，有玻璃光泽。颜料不直接接触食物，所以铅（镉）溶出量较安全。

釉下彩是我国一种传统的装饰方法，制品的全部彩饰都在瓷坯上进行，再经上釉一次烧成，这种制品和釉中彩一样，都是相对安全的。

如果注意各生产环节的质量控制，铅、镉超标的问题也是可以克服的。从历次国家质监部门的抽查情况看，不是所有产品都超标。具有一定规模的大型生产企业和正规经销商所生产、经销的产品，其质量都较有保证。劣质产品主要是指一些小型陶瓷企业，为了降低成本使用铅、镉含量高、性能不稳定的廉价装饰材料，或装窑过密致使铅不易挥发，或抢功图快随意缩短烤花时间或降低烤花温度等等，导致铅溶出量超标；瓷具上装饰面积过大，或工艺处理不当同样会引起陶瓷制品铅溶出量超标。

选择正规陶瓷产品且以装饰面积小的釉下彩或釉中彩餐具，特别不要选择色彩浓艳，看上去花花绿绿及内壁带有彩饰的餐具。釉上彩瓷很容易用目测和手摸来识别，凡画面不及釉面光亮、手感欠平滑甚至画面边缘有凸起感的均应慎购；如果经济条件允许，可以选择价格较贵的无铅釉绿色餐具。在使用新购买的陶瓷餐具前可先用食醋浸泡以溶出大部分的铅，在使用时则避免用彩色陶瓷餐具盛放酸性食品。

不要用报纸包装食物

在日常生活中常常能看到有些人用旧报纸、杂志、书页来包装食品，街头巷尾小商贩的摊点上用旧印刷品来包花生米、瓜子等食品的现象也数见不鲜，这种做法对人体健康是十分有害的。

印刷报纸所用的油墨含有一种叫做多氯联苯的有毒物质，它的化学结构跟滴滴涕差不多。如果用报纸包食品，这种物质便会渗到食品上，然后随食物进入人体。多氯联苯的化学性质相当稳定。进入人体后易被吸收，并积存起来，很难排出体外。如果人体内多氯联苯的储存量达到0.5-2克时就会引起中毒。轻者眼皮发肿，手掌出汗，全身起红疙瘩；重者恶心呕吐，肝功能异常，全身肌肉酸痛，咳嗽不止，甚至导致死亡。

此外，旧报纸多经传阅，难免沾上病毒、细菌，这样就直接把病毒、细菌传染给食用者，因此，切忌不要用报纸包装食物。

日常行为宜忌

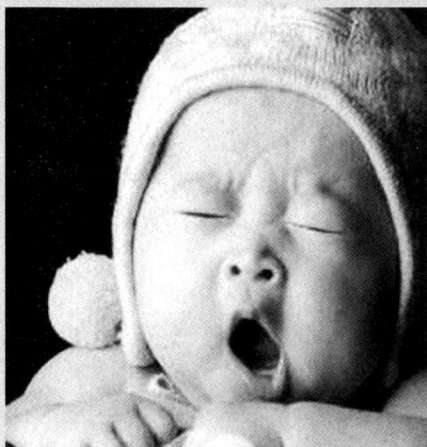

不要猛"回头"

猛"回头"时，椎动脉会因颈部猛转动而受压变细。如果椎动脉原来存有病变，则会更加窄细。另外，颈部交感神经因受到刺激会导致脑血管痉挛。这些情况都会使脑部的供血量减少，以及脑血管的血流速度减慢。轻者可发生暂时性脑缺血，出现头晕、恶心、呕吐、眼震、耳鸣、四肢轻瘫等症状；重者则可形成椎动脉血栓，血栓形成的一侧活动失调，面部温痛感消失，甚至还可能因此而出现偏瘫。因此，在日常生活中应谨记：不宜猛"回头"。

不要仰卧而眠

有些人喜欢仰卧而眠，但仰卧而眠是有很大害处的。睡熟时舌根及咽喉部的软组织便非常容易松弛，可能堵塞呼吸道，因此而出现呼吸困难，从而导致缺氧。要知道，如果长时间缺氧，可使动脉壁的内皮细胞通透性增加，血管壁内膜下的脂质沉积，促使动脉粥样硬化形成，使高血压、冠心病的发病率增加。当人的脑组织缺

氧时，可导致脑动脉舒缩功能减退而脑功能下降。心肌缺氧则可诱发心绞痛，冠状动脉粥样硬化和供血不足，并使病情不断加重。因此，不宜仰卧而眠，尤其不可长期仰卧而眠。

不要乱挤粉刺

粉刺在医学上叫痤疮，是青春期男女易发的一种慢性皮肤病。是因性激素分泌失调、皮脂分泌过多及阻塞了毛孔而造成的。大多数人过了青春期可以不治自愈。

许多人脸上长了粉刺就用手去挤捏，这样做会引起感染化脓，损伤皮肤，因此这种做法是不可取的。

人面部的血管和颅内的静脉是相通的，用手挤捏粉刺，容易引起感染化脓。挤捏感染化脓的粉刺会将脓液向周围扩散，甚至会随血液进到颅内，引起化脓性脑膜炎、脑脓肿或脓

毒血症等不良后果。所以，长了粉刺不宜乱挤，对已感染化脓的粉刺，更不可用手去挤。预防粉刺的方法是，到了青春期要经常用温热水和香皂洗脸，把堆积在毛孔外面的皮脂清洗掉，毛孔内的皮脂能顺畅地排出来，就不容易长成粉刺了。

不要乱拔胡须

男子到了青春发育期，随着性腺的成熟，第二性征也会明显出现。这些第二性征包括胡须生长、喉结突出、体态魁梧、声音变得低沉等。这都是睾丸分泌雄性激素的必然结果。但是，由于遗传因素、生活条件和每个人营养发育情况不同，青年人出现胡须的早晚、胡须的浓密稀疏程度各不相同，这种差别是正常的生理现象。

对于生长胡须这一自然生理现象，有些男青年却缺乏正确的态度。他们认为胡子拉碴，影响美容。但是用刀片去刮，又怕越刮越旺、越剃越粗，于是养成了用手拔胡须的习惯。动不动就动手拔须，还以为"连根拔掉，不会再发，就会越来越少"。岂不知这样做是不宜的，是有违科学的，是对身体有害的。

乱拔胡须，很容易引起毛囊炎、长疖子、得黄水疮，严重的还会引起脑脓肿。这是因为，拔出了胡须，留下了带伤痕的毛孔，细菌就很容易沿此毛孔钻入身体。另外，硬拔胡须，还会改变毛囊的位置，使以后长出的胡须乱七八糟、东倒西歪、过早黄白，真正影响美观。因此，胡须宜刮不宜拔。

还有的年轻人，为了控制胡须生长，就乱用女性激素药物，这更为不妥。因为这会导致女性化，使乳房增大，说话声音变细，变成半男半女的人，而且会造成性功能紊乱。这种做法更是不可取的。

不要乱拔腋毛

夏季，天气炎热，上半身裸露的机会多，有些青年男女因为怕浓密的腋毛影响"美"，便随便把腋毛拔掉或剃掉。这是一种很不科学的做法。

腋毛是生于人体腋下的较长的毛发，是人体发育的一种生理现象，它也有着重要的作用。腋下的皮肤较薄、较嫩，而且汗腺发达，较长的腋毛不仅可以使汗液得到引流，而且使皮肤的重叠处有了"衬垫"，这样就可避免腋下皮肤之间的直接摩擦，避免腋下因汗液的浸渍而发生湿疹、炎症等。乱拔腋毛，会损害汗腺和皮肤，使细菌易于从伤口侵入，引起毛囊炎甚至疖肿；剃除腋毛后，会生长出更粗更硬的腋毛，刺激腋部皮肤使人感到不适。因此，不宜拔刮腋毛。

不要经常掏耳朵

经常用火柴梗、牙签、细铁丝或小手指、挖耳勺等在耳朵里掏来掏去，容易损伤鼓膜，是一种很不好的习惯。

耳窟窿（外耳道）约有7～8厘米深，底部有一层负责听声音的鼓膜。掏耳朵时稍向里一伸，就可能把鼓膜撞伤而影响听力；如戳破了鼓膜，便会成为聋子。掏耳朵时指甲和挖耳工具碰伤外耳道周围的皮肤，还会发生外耳道炎、耳疖子等病。

耳朵里的少量耳屎，在人们说话、吃东西或跑跳、摇头运动时，会自行掉出来或被震出来。如果耳屎确实积得太多，塞住了听道，影响听力，痒得难受时，可以用一根牙签，卷上干净的棉花捻伸进去卷几下。把耳屎轻轻地带出来。千万不要用手指甲、挖耳勺使劲去掏。如果耳朵确实已被大块耳屎堵塞，又痒得难受时，应找医生检查、治疗，切忌不可自己乱掏乱挖。

不要掏光耳垢

耳垢，又称耳屎，医学上称之为

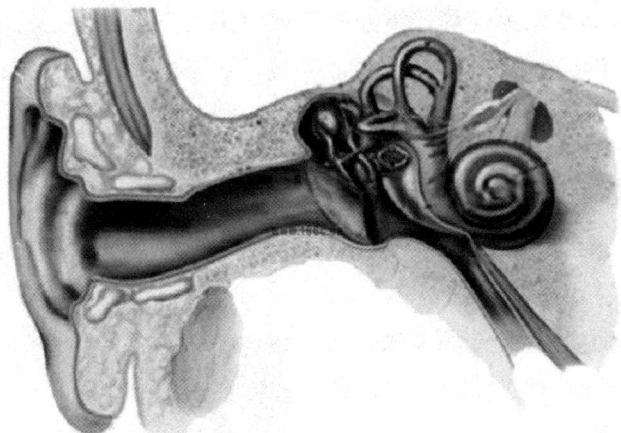

耳耵聍，是位于外耳道里耵聍腺的正常生理分泌物。耳垢经日积月累，当占满整个外耳道时，就会阻塞声波，影响听力，甚至形成机械堵塞性耳聋。所以，从医学保健角度看，定期清理耳垢是有必要的。但是清理耳垢必须注意：不宜掏光。掏耳垢时，要适当留一部分。这是因为新分泌的耳垢湿润、黏腻，吸附性能好，能将随气流与声浪而进入外耳道的微生物、灰尘、颗粒等吸附住，从而保持外耳道的清洁。另外，占据外耳道部分空间的耳垢块还能缓冲外来的强大声波与气浪，起到保护鼓膜与中耳、内耳免受机械冲击损害的重要作用。

不要随便堵塞外耳道

生活中，我们可以看见有人用棉球、布屑、艾叶团等物堵塞外耳道口，岂不知，这样做会引起外耳道疾病，损害听力。

堵塞耳道口后，耳垢不能及时排出，会渐渐形成栓塞，医学上称为外耳道耵聍栓塞。它会引起耳闷、耳胀及轻度耳痛，并影响听力。

外耳道内有皮脂腺，不断分泌黏液，堵塞耳道口后，缺乏通风干燥，使局部处于湿渍状态。这种环境适于细菌繁殖，易引起外耳道感染发炎，成为难以治愈的外耳道真菌病。

患中耳炎者，堵塞耳道口后脓液排流受阻，会使细菌向颅内扩散，可引起内耳感染及脑膜炎等严重并发症。因此，不要随便堵塞外耳道。

不要随便刮舌头

有些人喜欢在刷牙时刮舌头，以为可以使舌面清洁，吃起饭菜来会感到更香甜。其实，这种做法对健康是很有害的。

舌头表面分布着许多味蕾，里边有辨别酸、甜、苦、辣、咸的味觉神经。正常人在饥饿的时候，味蕾呈兴奋状态，因而食欲亢进，吃什么都香；饱餐后，味蕾处于抑制状态，再吃就会觉得乏味了。发热的病人不愿吃东西，也和舌苔增厚、味蕾反应迟钝有关。若长期刮舌头，会使味蕾萎缩，功能减弱，食欲也跟着降低。因此，刮舌头是不良习惯，应该克服。

不要随便挖鼻孔

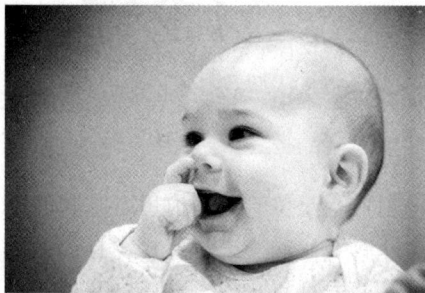

有些人有挖鼻孔的习惯，常常用手指伸进鼻孔内挖来挖去。岂不知这样会损伤鼻黏膜，对健康实在是有害无益。

鼻腔黏膜内血管丰富，交错成网。完整的鼻腔黏膜，自卫能力很强，细菌不容易侵入。鼻腔内鼻毛很多，起着阻碍灰尘、细菌进入呼吸道的作用，是灰尘、细菌进入呼吸道的一大屏障。人的手上细菌很多，挖鼻孔时容易损伤鼻腔黏膜，毁坏鼻毛，手上的细菌便可随之进入损伤部，引起鼻毛周围炎（也叫鼻前庭疖），发生疼痛、鼻干、发热、全身不适等症状。严重时，细菌还能通过面部血管侵入颅内海绵静脉窦，引起感染，造成相当严重的后果。因此，不要随便挖鼻孔，应改掉挖鼻孔的习惯。

不要随便拔眉毛

随着人们生活水平的不断提高，追求容貌美已蔚然成风。有些年轻女子甚至不顾痛苦，将自己的一些眉毛拔掉，以求使自己更漂亮些。但是，拔眉毛这种做法却是不科学、不适当的。

这是因为眉毛有很重要的作用。它在眼睛上方，形成一道天然屏障，当汗流满面时，眉毛能挡住汗水不流进眼睛里；在灰尘扬起时，眉毛又可以把飘落的灰尘挡住。所以可以说，

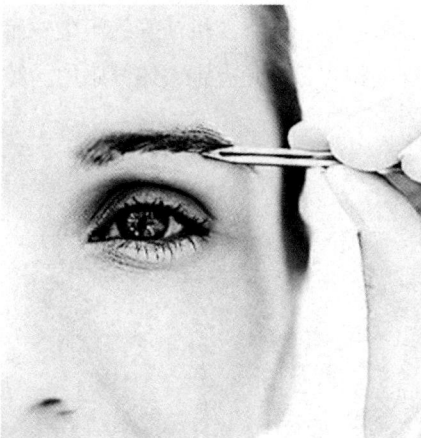

眉毛是保护眼睛的第一道防线。而若把眉毛拔去（或拔去一部分），就难以很好地起到它原有的作用，当流汗较多时，就难免会使一些汗水流进眼睛里，细菌也会乘虚而入，使毛囊感染，甚至会发生蜂窝组织炎。另外，拔眉毛，对眼眶周围的神经末梢和微细血管，也是一种恶性刺激，常会因此而导致出现皱纹和眼睑下垂，反而影响美观。因此，眉毛还是不拔为好。

跑步后不宜立即冷热水浴

跑完步后如果立即进行热水浴，由于热水使体表血管扩张，血流加快，内脏血液流向体表，这样就会使由于跑步骤停而减少的回心血量更加减少，从而使心脏输出的血量减少，影响对大脑的血液供应，引起头晕等不适症状。热水浴后若再立即转入冷水浴，冷水刺激又会使体表血管突然收缩，血压升高，这样又加重了心脏的负担，使跑步时已经疲劳的心脏更加疲劳，使人产生心慌、胸闷等不适症状。为了避免上述不适症状的出现，跑步后一定要经过一段时间的休息，使心血管功能基本恢复，然后再进行热冷水浴。此外，运动后进行热

冷水浴时，刺激强度不要过大，不要让水老冲一个部位，时间也不宜过长。

忌用火柴棍剔牙

在日常生活中，常可看到有些人为了图省事，便从抽烟用的火柴盒里抽出火柴来，用火柴棍剔牙。这种做法是有害人体健康的。

这是因为火柴在加工过程中，要经过很多道工序。其中，火柴头是用硫、磷、松香等制成的。在火柴棍蘸取化学药液，以及在用机械震动法装

盒的过程中，火柴棍往往会受到硫、磷、松香等粉末的污染；同时，还会受到机器油污的污染。因此，看似干净的火柴棍，实际上很不干净。如果用它直接剔牙，就不可避免地会受到硫、磷、松香、机油等的污染。而这些物质，都是有害人体健康的。经

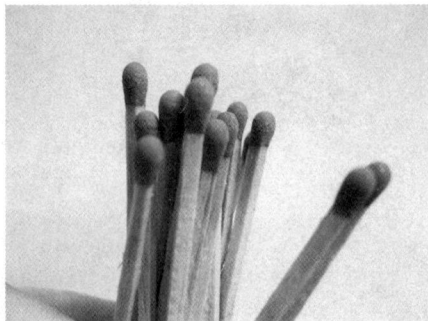

常这样做，就容易造成慢性中毒。因此，用火柴棍剔牙，是一种不可取的做法。

运动前后不宜多吃糖

有些人在体育锻炼或比赛以前，喜欢大量吃糖，认为这有助于提高运动成绩和有益于健康。其实，这是一种不科学的错误做法。

毫无疑问，糖是供给人体能量的重要物质，是最主要和最经济的能量来源。糖在体内易消化吸收，分解快，产热快，耗氧少，所以对人体和运动是有利的。

但是，当运动时体内纳入过多的糖并非有益。因为在一般情况下，人体内的糖原储备完全可以满足运动的需要，不须额外增加糖分。而且过多的纳糖，会出现恶心、头晕等不良反应。据研究证明，大量纳糖可产生高渗性吸收能力，使血液黏滞度升高，影响血液在血管中的顺利流动，从而会加重心脏负担，这不仅对运动不利，甚至是危险的。

至于在运动后，为了弥补人体在运动中糖的消耗，在膳食中适当增加些糖分是有好处的。但是，有些人在运动（或劳动）后，有马上喝浓度较高的糖水或吃甜食的习惯，认为这样做既能较快减轻疲劳，又能解渴，一时会感到很舒服。其实，这种做法也是不科学的。

这是因为：运动（或劳动）后，食用过多的糖或甜食，这些糖类在体内要转变为能量，需要消耗大量的维生素B1。由此会使人很快感到倦怠和食欲缺乏，并影响体力的恢复。因此，运动后是不宜多吃糖的；如想吃糖，应同时吃些含维生素B1较多的食品，如蔬菜、肝、蛋等，以抵消吃糖给身体带来的不利影响。

睡前忌剧烈运动

睡眠是最彻底的休息，因为睡眠是神经抑制过程扩散到整个大脑皮质和皮质下的结果。此时一切生理活动，嗅、视、听、触觉等感觉功能都减到最低水平，人体似乎与周围事物暂时失去了联系，嗅不出香臭，看不到事物，听不到声音，分不清冷暖等。所以，在睡眠前不能做较剧烈的运动。因为剧烈运动后，会引起心跳、气短，全身处于紧张状态，四肢肌肉里因乳酸堆积而感到腰酸腿痛。在这种情况下要很快入睡是不可能的。因此，睡眠前应选择一些能使机

体入静的活动，如散步、打太极拳或者做气功等。这些活动都有助于血液重新分配，使脑中血液流入四肢，对神经起到镇静作用，有利于入睡。

忌关严门窗睡觉

新鲜空气中，氧气占20.95%，二氧化碳占0.4%。人在安静时，每分钟吸入300毫升氧气，呼出250毫升二氧化碳。如果门窗紧闭，室内不通风，特别是房间窄小人又多，就会使室内空气污浊。据测定，在一个10平方米的房间里，如果门窗紧闭，让3个人在室内看书，3个小时后，房间内温度上升1.8℃，二氧化碳增加3倍，细菌量增加2倍，氨的浓度增加2倍，灰尘数量增加近9倍，还有20余种其他物质。长时间吸入这样的空气，对身体是十分不利的。一整夜近10个小时如果关闭门窗睡觉，室内空气污染的程度就更为严重，对人体健康的不良影响也更大。

开窗睡觉一般可以改变这种局面。据实验，一个80立方米空间的房间，室内外温差为15℃，开着窗户11分钟，室内空气就可以全部更换一遍。

当然，开窗睡觉时，应注意不要让风直吹身体，更不可让风吹头部；同时在睡觉时，不要打开房间两侧的窗户，以免空气在室内形成对流。

不要坐着睡觉

午休时，常常有人坐在椅子上、沙发上或趴在桌子上睡觉。这种做法是不当的。醒来后，常会感到头晕、耳鸣、腿软、视物模糊及面色苍白等，需要经过一段时间后才能逐渐恢复正常。因为人在熟睡后，心率变慢，血管扩张，流经各脏器的血液减少。特别是午饭后，较多的血液要进入胃肠系统，加上坐姿，更加重了"脑贫血"，导致一系列不适。为了克服这种现象，午间休息时，若时间

短暂，可养成不睡觉的习惯；若时间较长，应创造条件采取平卧位休息，以保证有足够的血液流入脑组织，休息得好，醒后精力充沛。

睡觉情绪五忌

（1）忌生气。不同的情绪变化，对人体有不同的影响。"怒伤肝，喜伤心，思伤脾，悲伤肺，恐伤肾"。睡前生气发怒，会使人心跳加快，呼吸急促，以致难以入眠。

（2）忌饱餐。睡前吃得过饱，胃肠要加紧消化，装满食物的胃会不断刺激大脑。大脑有兴奋点，人便不会安然入睡，正如中医所说："胃不和，则卧不安。"

（3）忌饮茶。茶叶中含有咖啡碱等物质，这些物质会刺激中枢神经。睡前喝茶，特别是浓茶，中枢神经会更加兴奋，使人不易入睡。

（4）忌高枕。有句成语叫"高枕无忧"。其实，枕不可过高，过高压迫肝，过低压迫肺。从生理角度来说，枕高以8～15厘米为宜。长期用高枕，易引起颈部不适或驼背。

（5）忌剧烈运动。睡前剧烈运动，会使大脑控制肌肉活动的神经细胞强烈的兴奋，这种兴奋在短时间里不会安静下来，人便不能很快入睡。所以睡前应当尽量保持身体平静。

懒觉不睡为好

健康人睡懒觉的三点害处

睡眠是消除疲劳、恢复体力与脑力的必要手段，但是睡觉时间并不是越长越好。一般说，成年人每天的睡眠时间应为7～8小时，中学生的睡眠时间应为8～9小时，小学生的睡眠时间应为10小时。如果睡眠时间超过上述标准，就是睡懒觉了。科学家指出，健康人睡懒觉有以下三点害处：

（1）睡懒觉不利于大脑功能的发挥。人在睡觉时，大脑皮质处于抑制状态。早晨醒来后，需要呼吸新鲜空气，活动全身关节，以迅速改变大脑皮质的抑制状态，使全身肌肉、关节和内脏器官的活动正常协调起来。如果早晨睡懒觉，大脑皮质抑制久了，会造成人体生物钟的混乱、失调，使大脑功能发生障碍，造成理解

力和记忆力的减退。

（2）睡懒觉妨碍身体素质的提高。俗话说，早睡早起身体好。科学家曾对从年轻时就养成晨跑习惯的老人进行生理检查，发现他们的心肺功能约相当于比本人年轻20～30岁人的水平。早晨睡懒觉会增加多余的体内脂肪的积累，使人发胖。体内脂肪越多，发生冠心病、血管硬化疾病的概率就越高。据调查，百岁以上的寿星没有一个是肥胖的。因此，如果要健康长寿，就要控制肥胖度。此外，体力锻炼对中枢神经系统和内分泌系统有着良性的刺激作用，能改善新陈代谢过程，如果睡懒觉，不参加锻炼，则不利于身体素质的提高。

（3）长期睡懒觉会导致疾病的发生。睡觉时间过长，对肌肉、关节和泌尿系统都不利。活动减少，血液循环不畅，会使全身的营养素输送不及时，肌肉、关节等处的新陈代谢产物也不能被血液带走。再者，当人站立或坐着时，肾脏的每滴尿都能顺利地从输尿管迅速排入膀胱，可是卧床久了，尿液就容易在肾盂或输尿管中滞留，尿中的有毒物质便会损害身体健康。

青少年睡懒觉的害处

青少年睡懒觉，有以下诸多害处：

（1）容易造成肥胖：时常睡懒觉，又不注意合理饮食，加上不大活动，能量的摄入大于消耗，就会形成肥胖。

（2）容易引发肠胃病：有人贪恋睡懒觉，宁可让肚子空着，他不愿起床进早餐，这就会使肠胃发生饥饿性蠕动，黏膜的完整性受到破坏，很容易形成胃炎、溃疡和消化不良等。

（3）易造成肌张力低下：经常睡懒觉的青少年，缺乏必要的锻炼，肌张力往往低于一般人，其肌肉爆发力不足，动作反应迟缓。

（4）破坏生物钟效应：如果一到节假日、星期天就睡懒觉，容易扰乱体内生物钟，激素水平即会出现异常波动，可使人心绪不宁、疲惫不堪。

患慢性疾病的病人睡懒觉的弊端

有些慢性疾病患者，往往一不舒服便睡懒觉，或早晨不活动，赖在床上不起。这是一种很消极的方法，长期下去，对治疗疾病是不利的。这样会使人精神不振，易出现头晕乏力的症状，会损伤胃肠道黏膜，影响消化和吸收。睡懒觉还会破坏人体的生物钟，扰乱内分泌系统的正常工作。

因此，患慢性疾病的人要努力戒除睡懒觉的坏习惯，早晨坚持起床做适度的康复锻炼。

不宜睡得太晚

按人体生命节律来讲，白天造成的机体消耗，要靠晚上的睡眠来补充，尤其是内分泌激素的25%~35%是在睡眠过程产生的。如果睡眠不足，必然破坏体内新陈代谢的节律，使身体消耗得不到补充；而且激素合成不足，会造成身体的内环境失调。长期下去，必定会影响健康。

美容专家则指出，晚上10时至凌晨2时，是人体旧细胞坏死、新细胞生成最活跃的时间。此时不睡，细胞的新陈代谢受到影响，则会加速衰老，也是美容的大忌。从心理医学角度看，睡眠不足可造成人的心理疲乏感，致使情绪发生不良改变和行为异常，可引起焦虑、忧郁、急躁等情绪反应；也会直接产生生理上的损害，造成食欲不振、消化不良、免疫功能下降，易引发或加重失眠症、神经官能症、溃疡病、高血压、糖尿病、脑血管病等。

夜生活过度、长期晚睡迟起的人，即使每天睡够了8小时，甚至睡更长时间，也难以弥补其夜间睡眠不足给身体所造成的损害。这些人，大都面色萎黄、精神疲惫，给人以病态

的感觉。

睡前宜洗脚

民间自古就有"睡前洗脚，胜吃补药"的说法，这是有一定道理的。古人认为，洗脚对人体健康有很多好处："春天洗脚，升阳固脱；夏天洗脚，湿邪乃除；秋天洗脚，肺腑养育；冬天洗脚，丹田暖和。"宋代诗人苏东坡曾写过"主人劝我洗足眠，倒床不复闻钟鼓"的诗句。

现代科学研究进一步证明了洗脚的好处。洗脚过程中不断按摩脚趾、脚掌心，能防治许多疾病。大趾

是肝、脾两经的通路，洗浴按摩它，可疏肝健脾，增进食欲，防治肝脾肿大；第4趾有胆经通过，按摩它能防治便秘、胁痛；小趾有膀胱经经路，按摩它能防治小儿遗尿症，矫正妇女子宫体位置；脚底心有肾经涌泉穴，按摩它能防治肾虚体亏。

有关的研究还表明，热水洗脚对

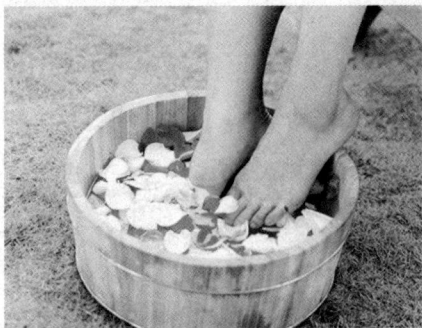

脚掌是一种良性刺激，能活跃末梢神经，调节自主神经和内分泌系统的活动，改善睡眠质量，增强记忆力，使脚、脑感到轻快。

因此，养成睡前洗脚的习惯，对于人体健康和长寿是有益的。

不要抑制哭泣

哭泣是一种情感释放，但是有些时候处于某种考虑，人们却有意抑制哭泣。从生理保健的角度来看，抑制哭泣是很不科学的。

有一位心理学家曾做过1次调查，他把一些成年人按照血压的状况分为两组，即血压正常者为一组，高血压者为一组。然后，一一调查他们是否哭泣过。调查结果是：血压正常者中，87%的人悲伤时都哭泣过；高血压者中，绝大多数是从不流泪的人。这虽然不能因此就断定血压变化与哭泣有关，但人在悲伤时哭一哭，对身体健康有好处是确定无疑的。当在痛苦的时候，人会自然感到悲伤。这种情感对人精神上不但会产生很大的压力，而且对人生理上也会产生一系列不利影响，会使人神经处于紧张状态、食欲减退、内分泌功能失调等。这种情感如果得不到发泄，而强行压抑，就会使人体健康受到损害。如果悲痛欲绝时大哭一场，使悲伤之情得以宣泄，精神上可顿时觉得轻松很多，这对健康无疑是很有益处的。

因此，遇到悲伤时，尽可顺其自然地宣泄之，不要强行抑制哭泣。

不要抑制打哈欠

打哈欠是一种有积极意义的生理现象，强行抑制是不宜的。

当身体感到疲劳或困倦时，就会情不自禁地打几个哈欠。这是一种信号，表明需要休息或换个新的环境了。在看完电影或电视以后，人们往往也爱打哈欠。这是为了从电影或电视的故事情节中回到现实的一种自我调节的动作。早晨起床后或者久坐后

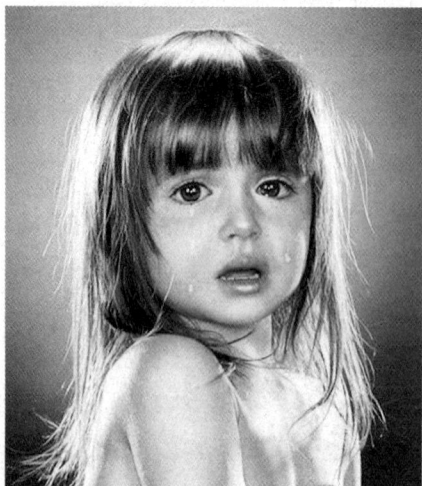

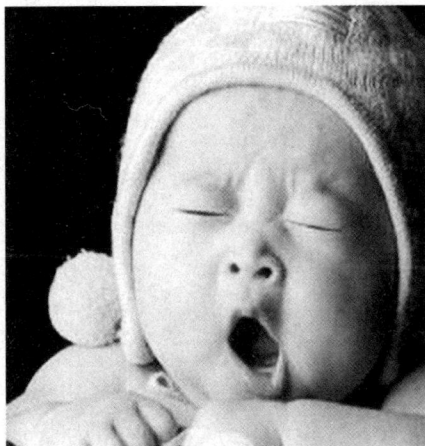

打哈欠，是要使自己迅速清醒过来，振作精神。发困或入睡前打哈欠，则表示人脑皮质的活动将进入抑制状态。

打哈欠的结果，使人精神放松。这不仅是因为打哈欠时吸入的氧气增多，而且还由于头颅、胸腔及其他部位的肌肉伸缩活动增强，使循环系统得到改善。

可见，打哈欠对身体是有益的，从健康角度考虑，不要抑制到哈欠。

不要抑制打喷嚏

打喷嚏是人体的一种生理反射活动。在呼吸时鼻腔吸入一些灰尘、花粉；感冒时，鼻粘膜充血，分泌物增加，使鼻粘膜受到刺激，都会引起打喷嚏。有时，人在情绪激动或遇到强光刺激，寒栗及某些疾病发作时，也会引起打喷嚏。

打喷嚏是一种保护性反应。通过打喷嚏，有病时可以把大量细菌（特别是病菌）排出体外；情绪不良时可通过打喷嚏使心情舒畅、情绪稳定；遇到异物刺激时可通过打喷嚏把进入呼吸道的异物喷射出去。因此，不要抑制打喷嚏。

抑制打喷嚏有时后果是很严重的，可引起鼻出血，甚至会造成鼻骨断裂。如果为抑制打喷嚏而捏住鼻子，还会引起鼻窦炎、中耳炎。所以，千万不要抑制打喷嚏，不过为了防止打喷嚏时的不雅动作，用手绢捂住口鼻是有必要的。

不宜随便吐掉唾液

唾液是由涎腺分泌的消化液，如非必要是不宜随便吐掉的。

唾液对人体有重要作用。唾液的生理作用有4个方面：

①湿润口腔，使人的发声器官活动灵活，调和食物，使食物容易下咽，且能更好地感知其味道。②有利于清除口腔中的食物残渣，保护牙齿，还可杀死部分病菌、中和部分胃酸、稀释有害的或刺激性强的物质，对口腔和胃黏膜起保护作用。③唾液中的淀粉酶，能促进食物中的淀粉分解为麦芽糖，起到消化淀粉的作用。④唾液中还含有钙盐、铵盐等无机盐类。

总之，唾液是对人体健康有用的分泌物，应珍惜它，不宜随便吐掉。

不宜久坐不动

医学研究表明，久坐不动容易诱发多种疾病。

久坐损心

久坐不动血液循环减缓，日久则会使心脏机能衰退，引起心肌萎缩。尤其是患有动脉硬化等症的中老年人，久坐血液循环迟缓最容易诱发心肌梗塞和脑血栓形成。

久坐伤肉

祖国医学早就认识到"久坐伤肉"。久坐不动，气血不畅，缺少运动会使肌肉松弛，弹性降低，出现下肢浮肿，倦怠乏力，重则会使肌肉僵硬，感到疼痛麻木，引发肌肉萎缩。

损筋伤骨

久坐颈肩腰背持续保持固定姿势，椎间盘和棘间韧带长时间处于一种紧张僵持状态，就会导致颈肩腰背僵硬酸胀疼痛，或俯仰转身困难。特别是坐姿不当（如脊柱持续向前弯曲），还易引发驼背和骨质增生。久坐还会使骨盆和骶髂关节长时间负重，影响腹部和下肢血液循环，从而诱发便秘、痔疮，出现下肢麻木，引发下肢静脉曲张等症。

久坐伤胃

久坐缺乏全身运动，会使胃肠蠕动减弱，消化液分泌减少，日久就会出现食欲不振、消化不良以及脘腹饱胀等症状。

伤神损脑

久坐不动，血液循环减缓，则会导致大脑供血不足，伤神损脑，产生精神压抑，表现为体倦神疲，精神萎靡，哈欠连天。若突然站起，还会出现头晕眼花等症状。久坐思虑耗血伤阴，老年人则会导致记忆力下降，注意力不集中。若阴虚心火内生，还会引发五心烦热，以及牙痛、咽干、耳鸣、便秘等症。

为了你的身心健康，不要久坐下棋，玩麻将，老年人更不可久坐家中闭门不出。凡工作需要久坐的人，不但要注意保持正确的坐姿，而且一次最好不要连续超过1小时，工作中每2小时中间最少应进行10分钟的工作操，或伸伸懒腰，或自由走动走动，以舒展四肢，缓解疲劳。

不宜让脚受凉

众所周知，人体各部位的体温是不一致的。身体表面温度因散热多而快，所以比深部组织要低些，而且随着外界温度的变化而有一定变化。同时，皮肤温度又因身体各个部位的不同而有高低，躯干和头部的温度较高，四肢皮肤的温度从近躯干部到远躯干部越来越低。

再从四肢的生理特点来看，手和脚是人体的"边陲地带"。与心脏的距离最远，与身体的其他部位相比，血液循环相对较差，那里的温度自然

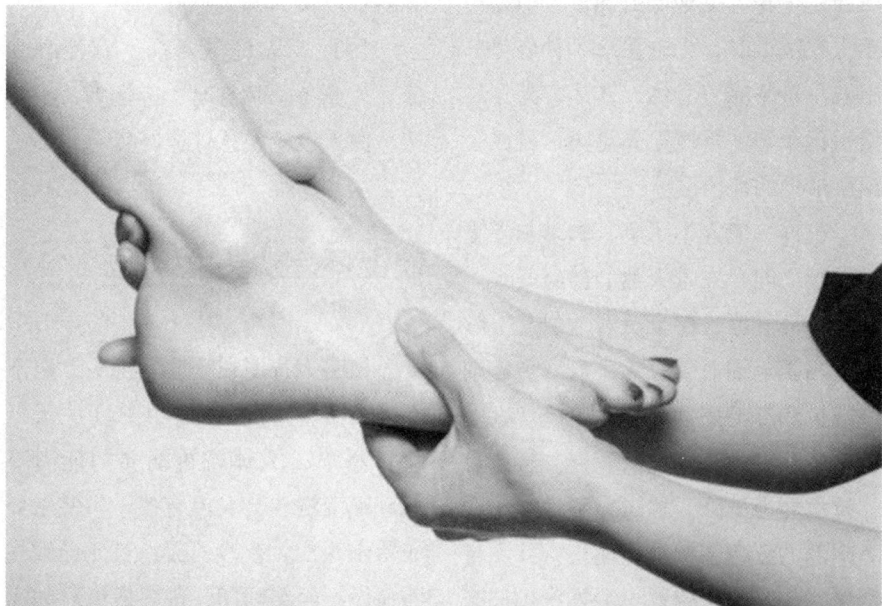

偏低。加上双手、双脚的皮下脂肪很少，保温性能差，并且掌心、足心没有汗毛，缺乏御寒的"天然屏障"，因而是全身温度最低的部位。但是由于人在睡眠时，无论采取哪种姿势，上肢总是紧靠着身体，体热容易传导给手；于是，下肢尤其是脚，就成了温度最低的部位。

也许一般人不了解，脚掌与呼吸道黏膜之间存在着天然的神经联系。一旦脚部着凉，便会反射地引起上呼吸道黏膜毛细血管收缩，局部免疫细胞减少和纤毛摆动减弱，不能认真履行其清除细菌、尘埃的职责，致使身体抗病能力下降。这时，平日埋伏在鼻咽部的致病菌便乘虚而入，并大量繁殖，使人伤风感冒。另外，脚部受凉还会反射性地引起胃肠血管痉挛，使供血减少，影响消化功能，导致消化不良、腹胀、腹泻、喜热怕冷等症状。

因此，无论冬夏都不宜使脚受凉。尤其冬季睡觉时，应把脚盖得厚些，白天也应注意鞋袜保暖。

晚上不宜洗头发

很多人都习惯于晚上洗头，岂不知晚上是不宜洗头的。工作了一天，疲劳不堪，人体抗御病痛的能力降低。晚上洗头，又没有擦干，使水分滞留于头皮，夜冷而凝，长此导致气滞血淤，经络阻闭，郁疾成患。如在冬天，寒湿交加，更堪为患。疾病之患初起，头皮局部有滞胀麻木感，头部巅顶多见，伴绵隐痛，或洗头后第二天清晨，头痛发麻，且易感冒。年深月久，渐觉头巅顶部明显麻木，伴头昏头痛，这也是临床大量慢性头痛患者的主要病因之一。

这种头痛，称为头皮皮下静脉丛炎。体征检查可触及局部的头皮增厚、增粗，乃至皮下肿块隆起，多见于颅骨勾缝上，呈节段性、条索形筋结形态，也可见于巅顶，可触及颗粒状结节。如果有晚上洗头的习惯，且不注意完全擦干，那么如果患有不明原因的头晕头痛并伴有麻木感觉的头疾时，可能就是患这种病了。如果确实要在晚上洗，洗后要擦干，或用电吹风吹干。

不宜常听"随身听"

常听"随身听"，会损害听力，不利于健康。

科学实验证明，长时间在90分贝以上噪声环境中，听觉就会逐渐发生病变。立体声耳机的音量达85～130分贝，耳机压着外耳道，外耳道处于密闭状态，这种强烈噪声的升压，直接传递到鼓膜上，对人的听觉神经会产生巨大的刺激，易造成听觉疲劳。据研究，每天用"随身听"收听4小时立体声音乐，就会引起听力减退。

另外，立体声耳机所产生的噪声，对人的心脏和大脑也能造成损害，会感到头晕、脑涨、心悸、注意力不集中、思维和反应的灵敏度下降、记忆力衰退，甚至出现烦躁不安、缺乏耐心等症状。

不要用牙齿启瓶盖

有的人在喝啤酒、饮料时，常常不用开盖器开启瓶盖，而是用牙齿去咬开。这种做法无疑是不妥的，对牙齿的损害是明显的。

会把腹腔中的血管挤紧，使血液不能畅通。本来，肛门周围的血管就比较丰富，勒紧裤带，腹压增高，这样一来，这些血管积血增多，围着肛门一圈便会长出许多隆起的小红疙瘩，时间一久，就会形成痔疮。

腰带勒得过紧，还会使肠子对肛门造成的压力更大，若压迫时间过久，紧挨肛门那一段直肠，还会在排

这是因为牙齿是人体消化器官的主要组成部分，它不但咀嚼食物，还有助于清楚地讲话和发音。牙齿在人体健康长寿中担负着重大作用，而用牙齿去开瓶盖，对牙齿的伤害很大。由于咬开瓶盖时受力不均，轻者造成牙齿摇动不固，疼痛难忍，由此极易发生牙髓炎之类的疾病；重者则会使牙齿脱落或碎裂。而一旦牙齿损坏，将会终生不可弥补。因此，不要去做用牙齿去开启瓶盖的傻事。

大便时被推出肛门外，形成脱肛症。腰带勒得过紧，还会造成小肠疝气，引起消化不良等。

所以，在干活时适当紧一下腰带是可以的，但不宜勒得太紧。

忌将裤带勒得太紧

不少人在干活时，喜欢把裤带勒得紧紧的，认为这样才使得上劲儿，却不知长时间这样做，对身体健康是极为不利的。

身体虚弱的人，腰带勒得过紧，

吃中药禁忌加糖

生活中，一些人在服中药时，常因汤剂苦口难以下咽，服用时总少不了加些糖来降低苦味。其实，加糖后

的药剂在降低了苦味的同时也降低了药效。

中药有寒、热、温、凉四气和辛、甘、酸、苦、咸五味。其中，辛能散，甘能缓，酸能收，苦能涩，咸能入肾。不同口感的中药也就具有不同的药效。俗话说"良药苦口利于病"。因此，对于医师所开出的苦药，就要求患者必须苦口咽下去。

这是因为，中药的化学成分一般都比较复杂，一些苦味的中药都具有特殊的疗效。糖特别是红糖中多含有较多的铁、钙等元素，一旦与中药里的蛋白质和鞣质等成分结合后，就会引起化学反应，使药液中的一些有效成分凝固变性，这样就从一定程度上影响了药效。

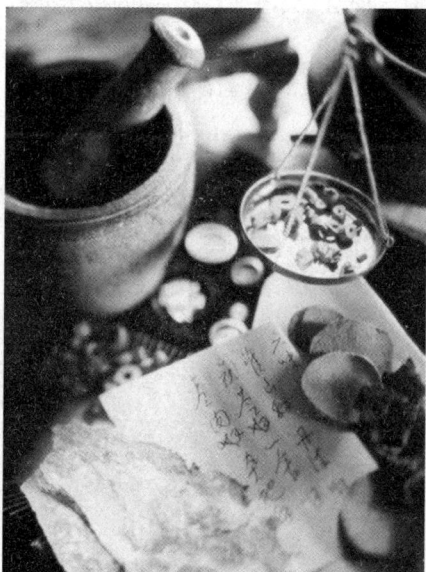

警惕打鼾

鼻子的通道
软组织
悬雍垂
危险！！
舌
咽头

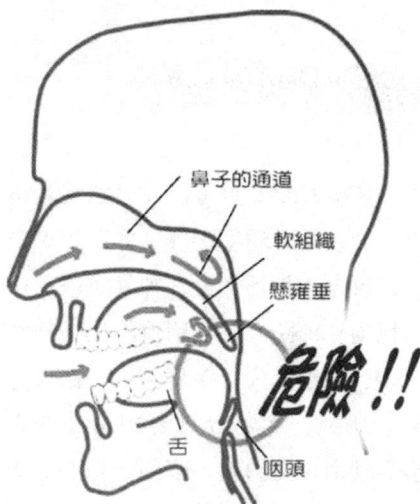

打鼾，俗称打呼噜，是睡眠时呼吸不畅快的一种表现，任何人都有可能偶尔打鼾。不过，随着年龄的增长，打鼾的机会越来越多。一般来说，轻微的打鼾或者偶尔、断续的打鼾，对人体健康影响并不大。但是打鼾严重，或者天天晚上鼾声不断，则要引起注意。

因为严重的打鼾，会因吸入的氧气不足而损害全身的健康。严重打鼾者，往往还同时伴随着时常惊醒、容易做噩梦、醒后头疼、白天倦怠、瞌睡多等。这就不是一般的打鼾了，而构成了一种疾病——阻塞性睡眠呼吸暂停综合征。若不及时治疗，长期下去会引起严重综合征。因此，对打鼾不可忽视，应早请医生检查和治疗。

远离"妒火中烧"

传统医学专著《内经·素问》指出："余知百病生于气也。"妒火中烧，可令人神不守舍，神气涣散，精力耗损，郁滞凝结，精血不足，外邪入侵，肾衰阳失，疾病滋生，据现代医学研究，大部分具有妒忌心的人会出现消化能力差、郁闷、恶心、头痛、胃痛、痛经、神经性呕吐、过敏性结肠炎、心悸、早衰等现象。

妒忌是一种痛苦、难堪的情绪反应，它包含有醋心、怨恨、愤怒、沮丧、羡慕而力所不及等多种感情因素，它能使大脑皮质下丘脑垂体促发肾上腺皮质激素分泌增加，引起人体免疫功能紊乱，大脑功能失调，抗御疾病的能力减弱，从而使高血压、冠心病、心血管疾病、周期性偏头痛等疾病加重。

因此，要远离妒火中烧，为了自身的健康，应该培养开阔的胸怀，树立豁达的精神，去掉妒忌之心。

起床后不宜马上叠被子

有些人起床后就立即把被子叠起来，这样做是不好的，不科学。

人体本身是一个较大的污染源，在几个甚至十几个小时的睡眠中，人体会排出大量的水蒸气，使被子不同程度地受潮；人的呼吸和分布全身的毛孔也能排出多种气味的汗液。据测定，人从呼吸道排出的化学物质有149种，从汗液中蒸发的化学物质有151种。被子吸收了这些水分和气味，如不让其散发就立即叠起来，不仅会使被子受潮和受化学物质的污染产生难闻的气味和影响被子的使用寿命，而且经常使用受污染的被子亦有害于健康。

因此，早晨起床后不宜先叠被，

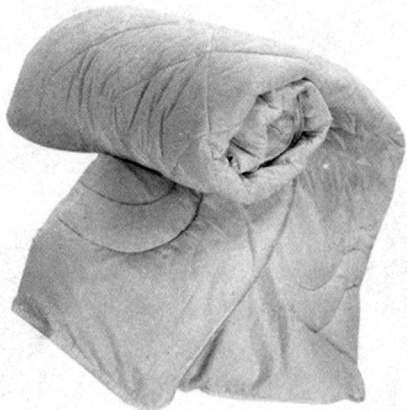

而是应该先将被子翻个儿，打开门窗，使水分和气味自然散发逸出，过一段时间再将被子叠起来放好。此外，被子还应常晒太阳，使其内层的气体逸出，同时将黏附在被子上的病菌杀灭。

咽唾养生法

咽唾养生的具体方法有两种。

一种是结合气功和保健按摩进行，配合咽唾。端坐，排除杂念，舌顶上腭，牙关紧闭，松弛面部肌肉。调息入静之后，唾液渐增多，待唾液满口时，低头缓缓咽下，并以意念送至脐下丹田穴。

另一种方法是不拘行住坐卧，晨起漱口后，宁神闭口，先叩齿36次，然后咬牙，用舌搅口腔四周，次数不拘，以津液满口为度，分三口缓缓咽下。饭后、睡前也可做。平时口中有唾液随时咽下，或经常舌抵上腭，使

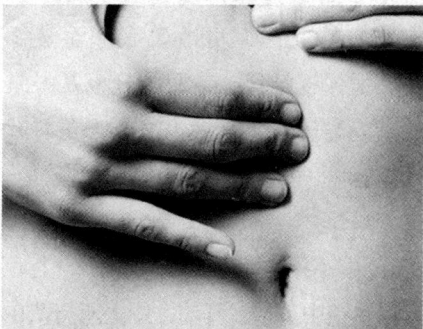

唾液自生，或以意念促其分泌，频频咽下，都能起到很好的保健益寿作用。

长吁短叹健身法

如果每天在锻炼身体的时候，长吁短叹三两声，可强健呼吸肌，改善呼吸功能，爽快精神。在长吁短叹中，吸气后放松时吐音不同，会收到不同效果。比如：吐"嘘"字养肝，吐"呵"字强心，吐"呼"字健脾，吐"呬"字清肺，吐"吹"字固肾，吐"嘻"字理三焦，因此，可因人因病因时而异。长吁短叹时要全身放松、顺其自然，呼吸、口型、吐音、动作要协调配合。

按摩保健12法

按摩是祖国医学的宝贵遗产，是一项健身与防病治病的疗法。科学研究表明，在人体内有一种瘾饥，食物无法解其饿，它需要按摩来解除这种"皮肤饥饿"，这种天生的需要如得不到满足，便会引起食欲降低、智力下降及其他不正常的行为方式。

按摩可达到调节神经的作用，它

改善大脑皮质的兴奋和抑制过程，降低大脑皮层对疼痛的感觉，起到镇静作用；它增强抵抗力，促进血液循环，改善消化吸收和营养代谢，提高体内防御疾病能力；它舒筋活络，消炎散瘀，使按摩部位的毛细血管舒张，促进炎症渗出物的吸收，达到消散淤血、浮肿的功能。一般按摩的手法有推、擦、揉、捏、掐、点、拿、抓、揪、叩、搓。

这里介绍按摩健身12法，对身体健康大有裨益，可在日常生活中随时随地进行。

抹额

以手指掌贴紧前额左右来回抹动，使之发热，如坚持每天早晚各一次，则有利于治疗与预防头痛、失眠、神经衰弱、用脑过度引起的记忆力减退等症。

转眼

将双目从左至右，从右至左转动各12次，然后紧闭一下再睁开，用大拇指弯曲指尖揉抹眼和上眼皮5~6次，坚持此法，可改善眼球血液循环，增强视神经、动眼神经以及眼肌的功能，还可防止视力疲劳，预防近视或远视发生。

抹耳

以双手食指、拇指贴在耳轮上，再以食指中节按在耳前，用大拇指贴在耳根后部，上下搓动直至发热，坚持抹耳有助防耳聋、耳鸣、听力下降。

扣齿

口轻闭，然后上下牙齿互相轻轻叩击30次，坚持早晚各一次，可防齿松动或过早脱落。

鼓漱

闭口咬牙，口内如含物，用两腮和舌作漱口动作，约30次，口内可生唾液，等唾液满口时，分3次慢慢吞下，此功可助消化作用。

搓脾

两手对搓发热后，紧按腰眼，用力向下搓至臀部，然后再搓回原腰眼处，往返30次，对增强腰部血液循环、壮腰强肾、预防腰背酸痛有其功效。

摩掌

用手按摩掌中劳宫穴。每次1~2分钟，每日2~3次，具有清心安神、降逆和胃的功能，亦可用于胸肋痛、饮食不下、胃脘痛等症。

揉腹

将右手放在丹田部位，先顺时针方向按揉15次，再逆时针方向按揉15次，坚持此法可健脾胃，助消化。

提肛

在吸气时，有意用力提起并缩紧肛门，连同会阴上升，再放松并呼气，反复6~7次，坚持每天进行一两次，可防治便秘、痔漏、肛裂等。

浴胸

先用右手掌按在右乳上方，手指向下，用力推到左大腿根处，然后再用左手从左乳上方同样用力推到右大腿根处，如此交叉进行，各推十余次，可改善心血管机能与肺活力，长此坚持，必有成效。

旋膝

两手掌心按住两膝，先齐向外旋转十余次，后齐向内旋转十余次，再以两手同时揉左右膝几十次，提高膝部热度，以灵活筋骨，祛风逐寒，增强膝部关节功能，预防关节炎等症。

擦脚心

将两手搓热后，紧按脚心，交替进行，各擦50~80次，坚持此法可导引肾脏虚火，并使上身浊气下降，舒肝明目。

此外，还可利用每天梳头的机会，达到按摩效果。梳头所经过的穴位有百会、太阳、玉枕、风池、眉冲、曲差、通天、目窗、承炎、天冲、浮白、神庭、后顶、前顶、印堂等近50个穴位，可以起到平肝息风、开窍宁神、健脑、调节头部神经、促进大脑血液循环的作用。

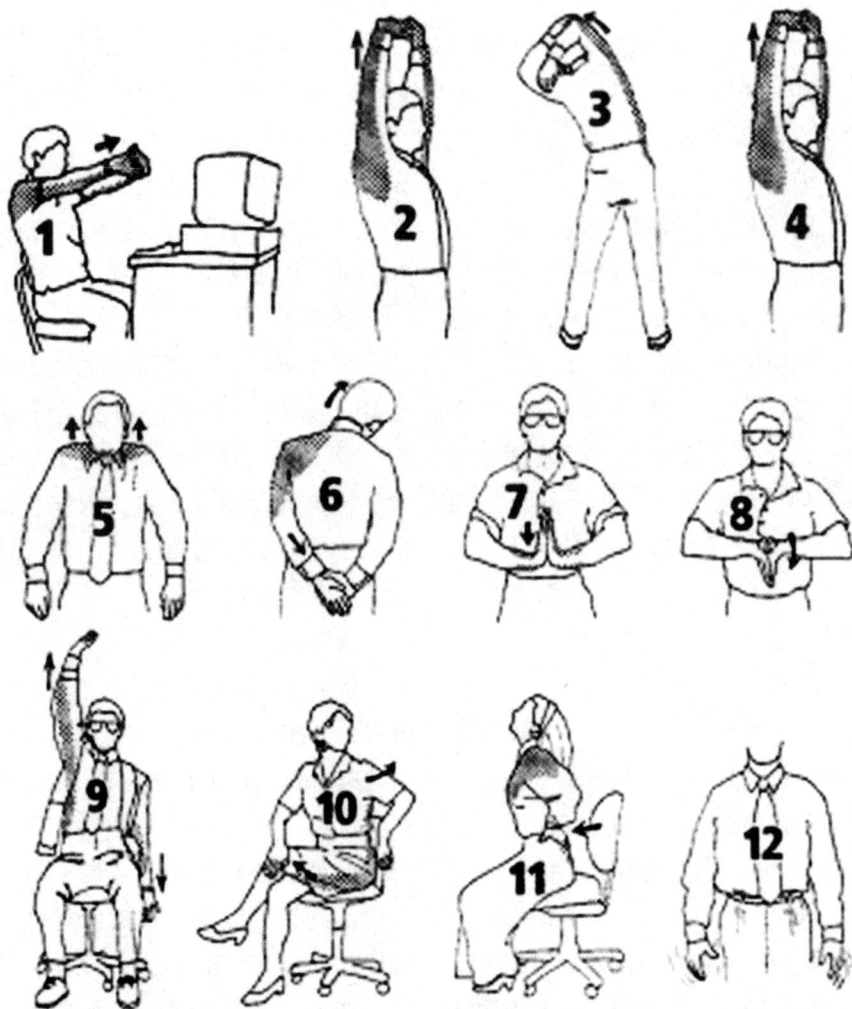

办公室"保健操"

标准对数视力表

4.0	(0.1)
4.1	(0.12)
4.2	(0.15)
4.3	(0.2)
4.4	(0.25)
4.5	(0.3)
4.6	(0.4)
4.7	(0.5)
4.8	(0.6)
4.9	(0.8)
5.0	(1.0)
5.1	(1.2)
5.2	(1.5)
5.3	(2.0)

温馨提示：请将此表置于明亮光线处，测试时距此表5米，一眼遮盖分别检查。

眼保健操示意图

准备动作

身体保持正直，全身放松，坐或站均可，双脚分开与肩等宽，双臂自然下垂，两眼轻闭（节拍8×4）。

第一节：按压耳垂眼穴，脚趾抓地

双手拇指和食指，分别夹住耳垂，每拍按压1次，脚趾收缩抓地1次（节拍8×4）。

第二节：按揉太阳穴，刮上眉弓

前4拍：双手拇指轻轻按揉太阳穴，每拍按揉1次。后4拍：双手拇指仍轻按在太阳穴，双手食指弯曲，余指握拳，用食指第二节内侧面由内向外刮上眉弓，每2拍刮1次（节拍8×4）。

第三节：按压四白穴

双手食指分别按压双侧四白穴，其余手指呈握拳状，每拍按压1次（节拍8×4）。

第四节：按揉风池穴

双手食指和中指并拢，分别按揉双侧风池穴，其余手指呈握拳状，每拍按揉1次（节拍8×4）。

第五节：按压头部督脉穴

用双手除大拇指外的四指指腹，自前向后分4处顺次按压头部督脉穴，每拍按1次（节拍8×4）。

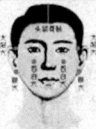

穴部位图

注意事项：做操时两眼轻闭，神入静，手指清洁，指甲要短，以指腹按揉穴位。力度适中，以按揉穴位酸胀为准，每日上下午各做一次，在近距离长时间用眼之后可适当加做。

眼保健操

手向上托

头向后仰

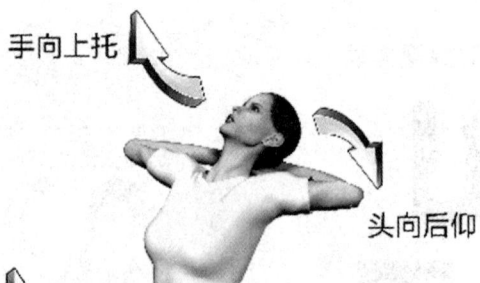

呼气

吸气

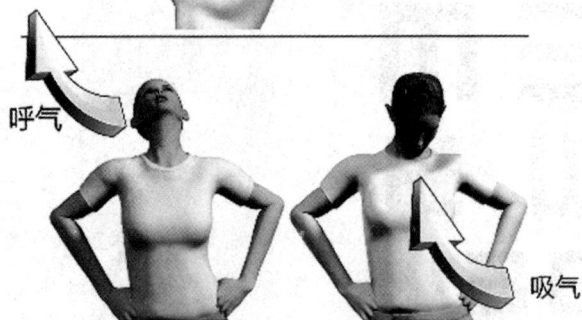

头部左右旋转　提肩缩颈

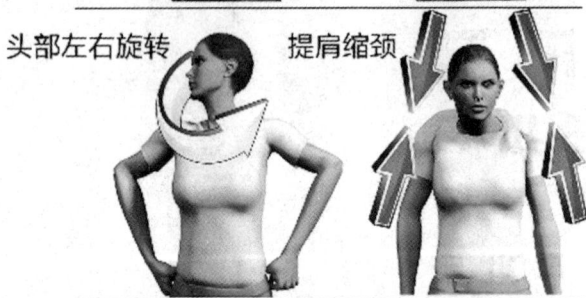

波浪屈伸

头部左右摆动

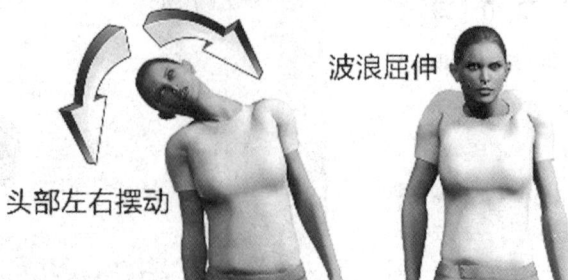

颈椎保健操